苦手な化学を克服する魔法の本

予備校の先生がキミに贈る!

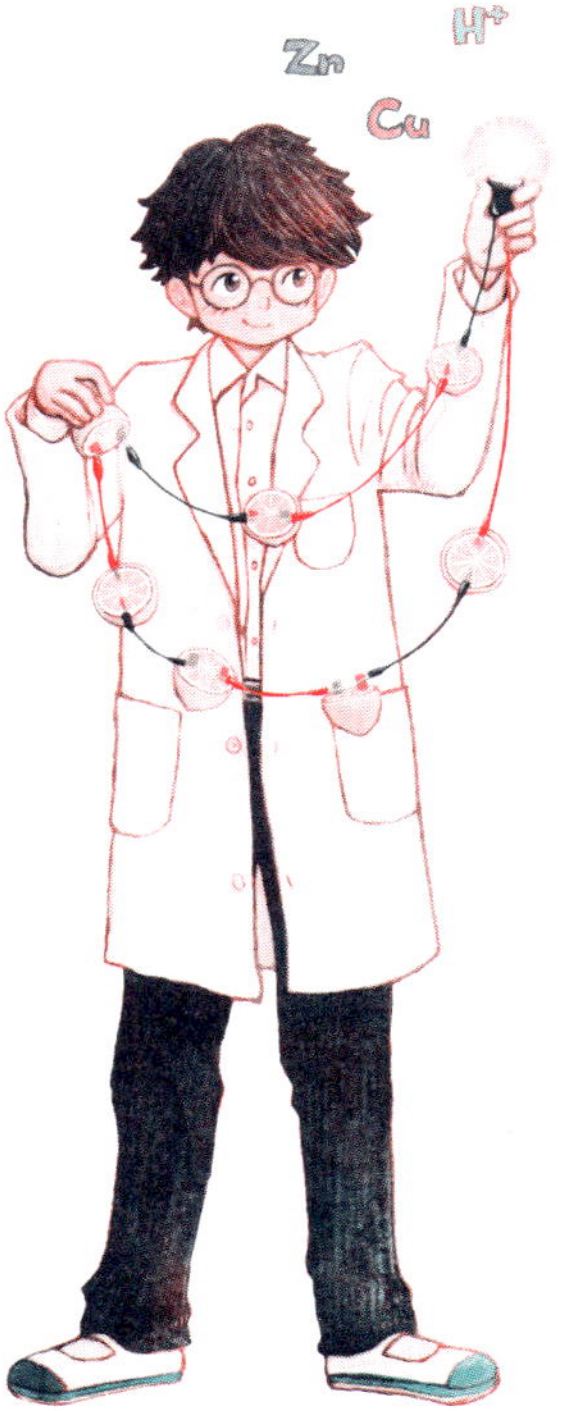

河合塾講師
大宮理

心の友だち
PHP

はじめに

読者のみなさま、はじめまして。

大学受験の予備校、河合塾《かわいじゅく》で化学を教えている、大宮理《おさむ》です。

大学生のときから塾《じゅく》講師や家庭教師を始め、卒業後は大手予備校の講師として、これまで20年以上、高校生や浪人生《ろうにん》に大学受験の化学を教えてきました。

化学と聞くと、多くの人が、

「記号がいっぱいあって難しい」

「細かい知識が多くて最悪の暗記科目」

などとアレルギーのように感じていることと思います。

ぼくも高校生のときは、嫌《きら》いな科目のトップでした。この本は、そういう化学嫌《ぎら》いな人にこそ読んでいただきたいと思います。そして、化学の勉強法をつかんでいただき、得意科目にしたり、化学が好きになったりしてくれたら幸いです。
最後に、本書には難しい化学用語が出てきますが、それらを教科書のようにくわしく解説していくことが本書の目的ではありません。みなさんがわからないと思う用語や、もっとくわしく知りたいと思う事柄《ことがら》については、みなさん自身が、教科書や参考書などで調べたり、学校や予備校の先生に聞いたりして、化学のおもしろさを追究してください。

２０１９年５月

大宮　理《おさむ》

明日やろうは、
ばかやろう。
すぐにやることが
大事。

CONTENTS

第Ⅳ章

化学の勉強法、教えます

第V章 大宮流・高校化学の攻略レシピ

〈編集部より〉 本書は、「化学基礎」のみ履修する人、「化学」まで履修する人の両者をおもな読者対象としています。第III章・第IV章・第V章に関して、どちらに該当する項目かの目安を、項目の冒頭でわかるようにしてあります。何も標記のない項目は、「化学」まで履修する人に該当する内容という目安です。

第I章

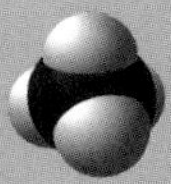

なぜ、化学を勉強するの？

化学は人生を豊かにするよ

1 勉強は未来への「知の貯金」である

中・高生のみなさん、数学や理科、とくに化学の授業のときに、「いま、こんなことをやって何になるんだ？」と思ったことはありませんか。だれもが一度は抱《いだ》くこの疑問について、冷静に考えてみましょう。

酸《す》いも甘《あま》いも噛《か》み分けてきた先達《せんだつ》が、「これは人生の役に立つが、これは役に立たない」と言うのは説得力があります。

でも、たかだか10＋α《アルファ》年生きてきただけの中・高生や浪人《ろうにん》生のなかで、いまこの瞬《しゅん》間《かん》に、「これは人生の役に立つ！」「これは役に立たない！」と自信をもって言いきれる人がいるでしょうか。

これからどうなるかわからない未来が待っているのが、人生です。ぼく自身の人生をふりかえっても、高校生のときには、将来、自分が予備校の化学の講師になるなどとは思ってもみませんでした。

若いみなさんが、これまでの短い人生で知り得たことや経験したこと、あるいはそれに基づく瞬間《しゅんかん》の感覚だけで、「何が必要で、何がいらないか？」ということを正確に判断できるはずがありません。むしろ、「一寸先は闇《やみ》」の諺《ことわざ》どおり、漠然《ばくぜん》とした不安を覚え、見通しが立たないからこそ、未来のためにいまできることを少しずつやっておく必要があるのです。

勉強してさまざまな知識を身につけ、解決法を学び、コミュニケーション力を高め、不安定な将来に備えることが、「何になるんだ？」への一つの答えであり、第1ステージです。

そして、漠然《ばくぜん》とした未来に備えるという、どちらかというと受け身的な、ある種の保険のような守りに入るのではなく、もっとクリエイティブに、「人生を豊かにする」ために攻《せ》めるというのが第2ステージです。

たとえば、先日、あるイベントでガラス細工のアーティストの方と話す機会がありました。ガラスに金属微粒子《びりゅうし》をふくむ煙《けむり》を当てて独特の模様をつくる、きれいなアート作品の作家で、その方がこう話していました。

「条件によってちりばめられた模様の色が変わるのが不思議です。これからは7色模様などにも挑戦《ちょうせん》したい」と。

そこでぼくが、同じ金属でも粒子《りゅうし》の大きさによって色が変わることや、目に見える色は、物質に光が当たったときに跳《は》ね返ってくる光の波の長さによって変わること、つまり波長が長いときは赤色になり、それを超《こ》えた長さになると赤外線といって目で見えなくなるし、波長が短いと紫《むらさき》色になり、さらに短くなると紫外線《しがいせん》という目に見えないものになる、ということを説明すると、

「いろいろな疑問が一気に解決しました」

と喜んでいただきました。

多くの人が、「芸術《アート》と化学なんて無関係、いや正反対のものだ」と考えていると思い

ますが、化学や物理なくしては芸術も生まれないということを知っておいてほしいと思います。

ですから、みなさんがいまやっている勉強は、未来の豊かな人生への〝知の貯金〟のようなものだといえるでしょう。

ラテン語の格言に、「賢者《けんじゃ》は自分自身のなかに財産をもつ」というものがあります。生きるうえで「知ること」が究極の財産だという意味です。〝知の貯金〟はお金などの有形の財産ではないので、ほかのだれも盗《ぬす》むことのできない、あなただけのかけがえのないものです。そのうえ、仮想通貨のように大暴落して破綻《はたん》することもありません。

守ってばかりの人生より、攻《せ》めの姿勢で、あらゆる知をもぎとって生きていきましょう！

オサムのイチ押し

人生最大の報酬《ほうしゅう》は知的活動によって得られる。

——**マリー・キュリー**（フランスの物理学者・化学者。1903年ノーベル物理学賞、1911年ノーベル化学賞を受賞）

2 未来のために行動を起こせるのは人間だけ

人間は、未来をさまざまに意識して生きていける、おそらく唯一《ゆいいつ》の生き物です。明日のためにカバンに教科書をつめておこうとか、テストのために勉強しておこう、山登りの前にコンビニでお茶とおにぎりを買っておこうというように、時間軸《じく》を未来に延長して、いまの行動を起こせる生き物なのです。

「文明」「文化」という意味の英単語culture《カルチャ》は、cultivate《カルティベイト》（耕す）という単語から派生したものです。さかのぼると、ラテン語（ローマ時代のローマ帝国《ていこく》の公用語で、多くの英単語や科学用語などの語源になった言語）のcolere《コレアレ》（耕す）が語源です。

つまり、文明や文化の発祥《はっしょう》には農耕があります。その日ぐらしの狩猟《しゅりょう》や魚介《ぎょかい》獲《と》りをしていた人たちのなかで、貴重なお米の粒《つぶ》（種もみ）を泥《どろ》のなかに放り投げた人がいたのでしょう。

「あいつはなんてバカなことをやっているんだ」

と、まわりから思われたであろう行為《こうい》が、次の年に稲穂《いなほ》が実ると、米1粒《つぶ》から約600粒《つぶ》もの米粒《こめつぶ》を生み出すことになったのです。

このように、農業や林業は人間の特権ともいえる未来を見越《みこ》した「想像力」の産物です。ほかの動物と違《ちが》った人間の本質がここにある、と言っていいでしょう。

これに対して、インターネットでつながった巨大《きょだい》な消費社会は逆の流れです。瞬間《しゅんかん》瞬間《しゅんかん》で解決が求められます。オークションサイトでも、「即決《そっけつ》！　即決《そっけつ》！」がうながされます。ネットワーク社会の大きな流れにのせられて、自分を見失わないようにしなければなりません。

いま、なぜ勉強するのか？　その答えは、自分が「より人間らしく生きるため」だといえます。さあ、今日から泥《どろ》のなかに米粒《こめつぶ》をまくような、未来を見すえて生きる姿勢をもちつづけましょう！

幸運の女神は準備ができている者にほほ笑む。

——**ルイ・パスツール**（フランスの生化学者・細菌《さいきん》学者。近代細菌《さいきん》学の開祖）

3 化学って何だろう？

みなさんは、どんな音楽を聞きますか？　J-POP、ヒップホップ、デスメタル、クラシック……いろいろなジャンルがありますが、音楽の構成要素は「ドレミファソラシド」の組み合わせであり、限られた種類の音符《おんぷ》から無限の音楽が生まれてきます。同じように、いまみなさんが読んでいる文章も漢字とかなの組み合わせですし、英語は26文字のアルファベットといくつかの記号で無限の文章が生まれてきます。そして、わずか100種類くらいの「元素」といわれる究極の成分の組み合わせによって、

元素
物質を構成する基本的な成分。それぞれの元素に対応した原子がある。

宇宙にあるすべての物質ができているのです。これ自体、すでにすごいことです。

このような、宇宙の万物、森羅万象《しんらばんしょう》について、原子や分子といったもので説明していくのが「化学」です。物質のでき方のルールを探り、そのルールから新しい物質をつくりだす究極の魔法《まほう》のようなものだといえます。

紀元前2000年くらいに始まった「錬金術《れんきんじゅつ》」から4000年ものあいだ、錬金術師《れんきんじゅつし》たちと、その術を引き継《つ》いだ化学者たちは、物質の秘密を解き明かしてきました。いまではその秘密を魔法《まほう》のようにあつかい、がんの薬や半導体、新しいプラスチックなど、あらゆるものをつくりだしています。

宇宙の万物は、原子や分子という途方《とほう》もなく小さい粒子《りゅうし》からできています。いま、この本を部屋や電車の中で読んでいるみなさんの体は、空気中をものすごいスピードで飛びまわる酸素O_2や窒素《ちっそ》N_2という分子の嵐《あらし》に巻きこまれています。たくさんの分子が体の表面にぶつかっていますが、それぞれの分子はあまりにも小さい粒《つぶ》のため、みなさんは何も感じないし、存在すらわかりません。

原子
物質をつくっている最小の粒子《りゅうし》。大きさはだいたい1cmの1億分の1。

分子
原子がいくつか結びついた粒子《りゅうし》。分子どうしの引き合う力が強い状態を固体、やや弱い状態を液体、引き合う力がほとんどない状態を気体という。

そして、いまこの本を読んでいるみなさんの脳の中では、スイッチのような1000兆個(注)ものタンパク質の分子でできたゲートをイオンが通ることで、電気的なシグナル（信号）が生じています。朝食べたパンも、乗った電車や自転車も、昼に食べたラーメンも、学校の校舎も、スマートフォンも、着ている制服も、すべて原子や分子、イオンでできているのです。

ブロック玩具《がんぐ》のパーツからさまざまなものをつくれるように、いろいろな元素の原子の組み合わせで、ありとあらゆるものができあがっています。目に見えない原子や分子の世界の扉《とびら》を開いて、その秘密を明らかにするのが化学なのです。

多くのものに、いろいろな共通の物質があることは、ちょうど私たちの言葉がアルファベットからできているのと同じであり、この点は、万物が原子からできているという説よりも簡単に受け入れられるだろう。

＊アリストテレスの自然観と対立したルクレティウスらの原子論は、近世にいたるまで異端とされ、受け入れられなかった。

――**ルクレティウス**（古代ローマの哲学《てつがく》者。紀元前1世紀に森羅万象《しんらばんしょう》は原子の集合離散《りさん》であると説いた）

イオン

原子や原子の集まりが電子（－の電気をおびた粒《つぶ》）を受け取ったり、失ったりして電気をおびたもの。＋電気をもつ陽イオンと－電気をもつ陰《いん》イオンがある。

(注)『ノーベル賞の科学』（矢沢サイエンスオフィス編著、技術評論社）による。

4 なぜ化学を勉強するのか？

それでは、なぜ化学を勉強しなければならないのでしょうか。

その一つの答えを導くため、2007年度に実施《じっし》された大学入試センター試験（以下、センター試験）の化学の問題を見てもらいましょう。

【問】化学物質は暮らしを豊かにしているが、その取扱《とりあつか》いには注意も必要である。化学物質に関する現象の記述の中で、化学反応が**関係していないもの**を、次の①～⑤のうちから一つ選べ。

①トイレや浴室用の塩素を含《ふく》む洗剤《せんざい》を成分の異なる他の洗剤《せんざい》と混ぜると、有毒な気体が発生することがある。

②閉めきった室内で炭を燃やし続けると、有毒な気体の濃度《のうど》が高くなる。
③高温のてんぷら油に水滴《すいてき》を落とすと、油が激しく飛び散ることがある。
④ガス漏《も》れに気がついたときに換気扇《かんきせん》のスイッチを入れると、爆発《ばくはつ》を起こすことがある。
⑤海苔《のり》の袋《ふくろ》に乾燥剤《かんそうざい》として入っている酸化カルシウム（生石灰《せいせっかい》）を水でぬらすと、高温になることがある。

解答についてはP77～78で解説することにして、この問題のテーマを見ていきましょう。これは、センター試験の過去の出題のなかで、もっとも秀《ひい》でた問題だといえます。なぜなら、この問題にこそ、「なぜ私たちは化学を学ぶのか？」という問いへの答えがあるからです。

その答えは、ずばり、「私たちが生きていくため」です。サバイバルのために必要なのです。

まず、①は洗剤《せんざい》の混合で塩素ガスCl_2が発生、②は一酸化炭素COによる中毒、③は高温で水滴《すいてき》が水蒸気になる、④は電気スイッチの火花によるガス爆発《ばくはつ》、⑤は生石灰《せいせっかい》CaOと水H_2Oが反応して発熱による火災が発生する可能性ありと、いずれもニュースや新聞で取り上げられるほどの死傷事故を起こすような現象です。適切な知識をもっていれば、こうした事故を防ぐことができます。

そのほか、ピアスの金属によるアレルギー反応で炎症《えんしょう》が起こる、怪《あや》しい化粧品《けしょうひん》で皮《ひ》膚《ふ》がかぶれるといった健康被害《ひがい》や、石油ストーブに灯油とガソリンを入れまちがえて火災を起こすといった事故など、物質にまつわる不幸な出来事は枚挙《まいきょ》にいとまがありません。

よく起こる事故の一つに、温泉地などでの火山性ガスの中毒による死傷事故があります。火山性ガスや温泉のにおいは、おもに硫化《りゅうか》水素ガスH_2Sによるものであり、硫《りゅう》化《か》水素ガスは空気より重いので下のほうからたまってきます。

高校化学では、気体の捕集《ほしゅう》方法として「下方置換《ちかん》」を習いますが、温泉地の窪地《くぼち》や

気体の捕集《ほしゅう》方法

水に溶《と》けにくい気体を集める場合は水上置換《ちかん》、空気より軽い気体を集めるには上方置換《ちかん》、空気より重い気体を集めるには下方置換《ちかん》が行われる。

低いところにいると硫化《りゅうか》水素ガスH_2Sの濃度《のうど》が上がり、最悪、死亡することもあります。このように、物質に関する知識の有無《うむ》は生死にかかわります。

私たちがいま、さまざまな物質に囲まれて便利で安全な生活を送れるのは、遠く石器時代に始まり、祖先がいろいろな物質の性質とあつかい方に関する知識を豊富に集めてくれたおかげです。

フグを食べると危ないという知識も、最初に食べて命を落とした人がいて、その経験から獲得《かくとく》されたものです。火山性ガスが危ない、肥料に使われる硝酸《しょうさん》アンモニウムNH_4NO_3もとりあつかいに注意しないと爆発《ばくはつ》するといった知識も、地球上で私たちより先に歩んできた先輩《せんぱい》たちが残してくれた成果なのです。

まさに化学は、現代に生きる私たちのサバイバル術といえます。ラテン語の格言に、「われわれは学校のためでなく、人生のため（生きるため）に学ぶ」というのがありますが、私たちは生きるために化学を学ぶ必要があるのです。

学ぶことに興奮を覚えるかどうかが、老人と若者を区別するのだ。学びつづけるかぎり、あなたは老人ではない。

——ロサリン・ヤロー（アメリカの医学研究者。1977年ノーベル生理学・医学賞を受賞）

5 知ることは「生きる」ことである

前項《ぜんこう》で、知っているかいないかが、生きるか死ぬかの分かれ道になると話しましたが、もっと大きく言えば、人類の営みそのものも、知っているかいないかがすべてのような気がします。

日本や世界の歴史を見ても、昨今のニュースを見ても、個人や社会の不幸の9割くらいは「知らなかった」ことからくるのではないかと思われます。

1898年、キュリー夫人がラジウムRaという元素を発見しました。ラジウムは、ポロニウムに次いで人類が発見した放射性元素です。放射性元素とは、放射線というエネルギーを出して壊《こわ》れていく原子です。

ちなみに、ラジウム（radium《レイディアム》）はラテン語のradius《ラディウス》からきた言葉で、これは自転車の車輪（のスポーク）のように軸《じく》の中心から放射状に出ている棒のことです。

このradius《ラディウス》から、「半径」を意味するradius《レイディアス》、radiation《レイディエイション》（放射）、さらにラジオ（radio《レイディオ》）などの単語が生まれました。語尾《ごび》の～um《ウム》は、ラテン語の中性名詞に多い語尾《ごび》です（ラテン語やフランス語などでは、名詞に中性名詞、男性名詞、女性名詞という分類があります）。

当時は放射線の恐《おそ》ろしさがよくわかっていなかったため、特別な効能があると思われて「ラジウム」がブームになり、ラジウム入りのパンといった健康食品、男性向けの強壮《きょうそう》用座薬、歯磨《はみが》き粉《こ》など、いろいろなインチキ商品が発売されました。

また、ラジウムは夜光塗料《とりょう》の成分として、時計の文字盤《ばん》や航空機の計器類などに大量に使われました。これらを製造する工場では、女性の工員たちがラジウム入り塗料《とりょう》のついた筆先をなめながら文字や数字を描《か》きこむ作業をしていました。のちに、彼女《かのじょ》たちの多くがラジウムの放射線によってがんを発症《はっしょう》し、苦しんでいます。

賢人《けんじん》が知恵《ちえ》を使って世の中を正しい方向に導いてくれている。これは幻想《げんそう》だった。私たちは自分の頭で考えなければならないのだ。

——**キャリー・マリス**（アメリカの生化学者。ＤＮＡを増幅《ぞうふく》するＰＣＲ法の発明で１９９３年ノーベル化学賞を受賞）

6 化学の学びの場は日々《ひび》の生活にある

予備校の講師というと、黒板に大事なポイントを書き出してテクニックを教えこむ人、というイメージをもつ人が多いのではないでしょうか。

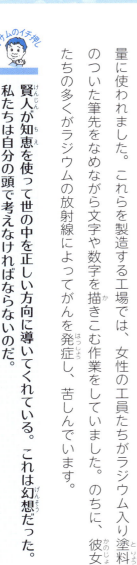

そんなイメージでくくられるぼくが言うのも何ですが、「学び」とは教室や勉強机、黒板、本にあるのではなく、朝起きてから夜寝《ね》るまでの生活スタイルだと思います。学ぶ本人に学ぼうとする何らかのきっかけや動機がないかぎり、外部から強制的に注入しても知識は定着しません。

動機がある人なら一回で覚えられることが、動機がない人は1000回くりかえしてやっと覚えられるかどうかです。しかも、無理やり丸暗記した「知」は、人生の長いスパンで見ると、結局、定着せず、何の役にも立ちません。

人間は、みずからが大事だと思ったものや、必要だと思ったことしか、きちんと見たり意識したりすることができません。自転車や自動車で走っているとき、必要な看板や意識したものは見て覚えていても、意識していないものは脳内で「存在していない」と書き換《か》えられてしまうのです。

大人になればなるほど、こういった情報の取捨選択《しゅしゃせんたく》が強制的に行われ、興味のないものは容赦《ようしゃ》なく「これ、いらね」と捨てられていくのです。

ただ、幼児はこうした取捨選択《しゅしゃせんたく》ができません。幼児には、情報を取捨選択《しゅしゃせんたく》するために必要な判断基準ができあがっていないからです。まだ真っさらな状態で、先入観というものが存在していません。ですから、入り口で取捨選択《しゅしゃせんたく》をせず、ありとあらゆるものをスポンジのように吸収し、記憶《きおく》できるのです。

ところが、年をとるにつれて、勝手な価値判断と取捨選択《しゅしゃせんたく》が無意識かつ強制的に行われるようになります。「この情報はいらねー」と勝手に判断しているのです。つまり、みずからが必要だと感じ、「これは知りたい」という欲求があってはじめて知識を受け入れる土台ができ、知識を吸収することができるのです。

青少年も大人も、まず出発点として、「自分はまだ何も知り得ていない」というのどの渇《かわ》きのような不足感と、「これを知りたい」「これを学びたい」という強い衝動《しょうどう》、起爆《きばく》剤《ざい》が必要です。

そのためには、先入観で取捨選択《しゅしゃせんたく》をせず、いろいろなものに興味をもつ姿勢、好奇《こうき》心《しん》をつねにもちつづけることこそが非常に大切です。

ぼくがかかわってきた生徒のうち、予備校で大きく成績を伸《の》ばし、東京大学や京都大学、国立大学の医学部など、いわゆる難関大学や難関学部に合格し、その後も大きく実力を発揮していくような人とか、真の知の力をもっているような人たちの多くは、朝起きてから夜寝《ね》るまでの活動時間のすべてで学んでいます。

こうした人たちは、みなさん、情報のアンテナが研《と》ぎ澄《す》まされています。幼い女の子のキャラクターに「ボーっと生きてんじゃねーよ！」と大人が叱《しか》られるテレビの人気番組がありますが、知性のある人はつねに知識を吸い取りながら生きているのです。あらゆるものに興味をもち、アンテナを張りつづけるライフスタイルが大切です。

化学や物理、生物といった理科に関しては、小手先のチマチマした知識をガリガリ勉強する前に、まずは科学系の博物館などに出かけて、人類がつくってきたサイエンスの「知」を体感してもらいたいと思います。

化学の勉強というと、「学問」というラベルをはり、ことさら構えがちですが、それによって思考停止することも多いのです。むしろ、自転車に乗る、水を飲むといった空気感で化学にふれることが大切です。

ぼくは長年、予備校で化学を教えてきましたが、できる生徒というのは、学校のイベントや授業、部活動などで化学の実験室を遊び場のようにしていた人、あるいは常《つね》日頃《ひごろ》から物質に興味をもち、「この素材は何だろう？」と日常生活のなかで化学的な見方をするアプローチを自然に身につけてきた人、こういった「地に足の着いた」知を積み重ねてきた人が多いと思います。

手についたペンキを溶剤《ようざい》で落とす、油性フェルトペンの汚《よご》れをエタノール C_2H_5OH（エチルアルコール）でこすって落とす、あるいは、凍《こお》らせたペットボトルのジュースやお茶を飲むと最初に溶《と》けてきたほうが味が濃《こ》くなるなど、身のまわりの物質から感じる原体験の積み重ねこそが、化学の勉強の王道だといえます。

食欲がないのに食べても健康によくないように、やる気がないのに勉強をしても記憶《きおく》が損なわれ、記憶《きおく》したことを保持できない。

——**レオナルド・ダ・ビンチ**（イタリアのルネサンス期を代表する芸術家。さまざまな分野で多大な業績を残した）

味が濃《こ》くなる理由

濃《こ》い溶液《ようえき》ほど固体になる温度（凝固点《ぎょうこてん》）が下がり、溶《と》けるときは、逆に濃《こ》かった部分が先に溶《と》け出してくるため。

エタノール

水にも油にも溶《と》けやすい揮発性の物質。酒の主成分で「酒精」とも呼ばれる。殺菌《さっきん》作用があり、消毒にも使われる。

7 暗記が人生のサバイバル力を高める

これは化学だけではありませんが、こと勉強の話になると、「そもそも暗記は苦手なんだ」と、暗記を激しく嫌《きら》う人が多いようです。ぼく自身、高校生のときは、「化学は暗記科目だから嫌《きら》い」と言ってはばからない生徒でした。

私たちの人生は、赤ちゃんとして生まれてからあとは暗記の連続です。言葉を暗記、トイレのしかたを暗記、自転車の乗り方を暗記、カップ焼きそばのつくり方を暗記、電車に乗り降りするやり方を暗記……というように、暗記のくりかえしですね。

暗記していないと、カップ焼きそばをつくるときに、湯切りしようとして台所のシンクに麺《めん》を全部ぶちまけるとか、ホームに通過電車が入ってきたときに、タクシーを止めるように手をあげてしまう（びっくり！）というようなことになります。

スポーツにおいても、ルールを暗記していないと、とんでもないことになります。ゲームでも、いろいろなワザや攻略《こうりゃく》法について暗記しているはずです。先ほどもお話ししたように、化学はサバイバルの術《すべ》でもあります。怪《あや》しい健康食品や化粧品《けしょうひん》にだまされないためにも、暗記は必要なのです。

一方で、これまでの日本の教育システムや大学受験が、暗記量の多寡《たか》を競う内容になっていたのも事実です。とくに化学は、膨大《ぼうだい》な知識や計算手法を暗記させる科目になっている面があります。

これは、江戸《えど》時代末期に化学という学問が日本へ移入されたとき、日本は圧倒《あっとう》的な遅《おく》れをとっていたため、とにかくがむしゃらに詰《つ》めこんで追いつかなければならなかったからです。遅《おく》れぎみの状態から欧米《おうべい》に対抗《たいこう》するために、腰《こし》を据《す》えてゼロから考えるのではなく、ベースとなる膨大《ぼうだい》な知識を急速に詰《つ》めこむ必要があったのです。

その結果、日常生活から乖離《かいり》したpH《ピーエイチ》の計算や溶液《ようえき》の計算などが教科書にあふれ、初学者にはちっともおもしろくない、内輪ネタで盛り上がっている同人誌的なものにな

化学がはじめて日本へ移入

蘭学《らんがく》者・宇田川榕菴《ようあん》が1837〜47年に刊行した『舎密開宗《せいみかいそう》』によって、日本にはじめて近代化学が移入された。舎密《せいみ》は「化学」を意味するオランダ語Chemieの音訳。榕菴《ようあん》は、「細胞《さいぼう》」「酸素」「水素」「窒素《ちっそ》」「炭素」「酸化」「還元《かんげん》」「結晶《けっしょう》」「分析《ぶんせき》」などの訳語もつくりだした。

っていったことは否めません。

最近の化学の教科書は、多くの方々《かたがた》の努力により、こうした流れから変わりつつあるように思えます。まずは、化学という科目を、ただの詰《つ》めこみ型の知識教育から、人生に役立つ方向へ変えていってほしいところです。

いまの世は勉強した知識を楽しむ余裕《よゆう》がない。「考える」のではなく、「暗記すること」に重点がおかれている。おもしろくなくて当然です。

――**益川敏英**《ますかわとしひで》（理論物理学者。CP対称《たいしょう》性の破れの理論で2008年ノーベル物理学賞を受賞）

第Ⅱ章

化学のビリから化学の講師へ

タメになる！カリスマ先生誕生秘話

8 高校では化学ではなく物理が好きだった

予備校で化学の講師をしていると、「高校時代から化学が得意だったんでしょう?」と聞かれることがよくありますが、まったく逆です。高校の頃《ころ》は化学は大の苦手科目で、テストも赤点以外とったことがないくらいでした。

中学校まで理科は大好きでしたが、高校の化学となると、無味乾燥《むみかんそう》な化学式や数式の羅列《られつ》ばかりでまったくおもしろくないわけです。たとえば濃度《のうど》（単位：mol／L）Cの酢酸《さくさん》CH_3COOHの電離度《でんりど》がα《アルファ》で、未反応の酢酸《さくさん》の濃度《のうど》が$C(1-\alpha)$とか出てくると、もう「終《しゅう》〜了《りょう》〜」です。暗記することばかりでしたから、すぐに嫌《きら》いになりました。

でも、物理は大好きでした。もともと宇宙が大好きだったので、ニュートンの運動方程式を解けば惑星《わくせい》の運行がわかるとか、そのシンプルな美しさ、エレガントさに魅《み》

電離度《でんりど》

電離度《でんりど》は分子が解離《かいり》してイオンを生じる割合で、電離度《でんりど》α《アルファ》＝電離《でんり》した分子の数／溶《と》けた電解質分子の数。一般《いっぱん》に、溶液《ようえき》の濃度《のうど》が低いほど、また温度が高いほど増大する。

化学式

元素記号を使って表したもので、イオン式、分子式、組成式、電子式、構造式、示性《しせい》式をまとめていう。

了《りょう》され、当時のぼくには物理学は〝神〟に見えたのです。

人類がはじめてアポロ11号で月に着陸し、月面に降り立ったアームストロング船長が、「人間にとっては小さな一歩だが、人類にとってはとてつもなく大きな飛躍《ひやく》だ」と言うシーンに、物理や数学の奥深《おくぶか》さを感じていました。

ところが、化学となると、本来、ハロゲン族の元素は似た化学的性質をもつはずですが、「ハロゲン化銀**AgX**のうち、臭《しゅう》化《か》銀**AgBr**、塩化銀**AgCl**、ヨウ化銀**AgI**は水に溶《と》けない固体であるのに、フッ化銀**AgF**だけは水に溶《と》ける」とか、「ハロゲン化水素**HX**のうち、塩化水素**HCl**、臭《しゅう》化《か》水素**HBr**、ヨウ化水素**HI**は強酸だが、フッ化水素**HF**だけは弱酸である」というように例外が多く、エレガントじゃないし、嫌《きら》いになる要素しかなかったのです。

そのため、高校3年になって、はじめて受けたマークシート型の模《も》擬《ぎ》試験の偏《へん》差《さ》値《ち》は30くらいでした。そんな状態ですから、高校の授業でカルボン酸を習っても、「なぜカルボン酸にはさんがついて、アルデヒドはアルデヒドさんじゃないの?」と悩《なや》んで

アルデヒド

アルデヒドは刺激臭《しげきしゅう》があり、水に溶《と》けやすい中性の化合物。アルデヒドを酸化するとカルボン酸に、水素で還元《かんげん》するとアルコールになる（酸化・還元《かんげん》➡P.84）。

ニュートンの運動方程式

質量mの物体に力Fが作用すると、力の方向に加速度aが生じる。加速度aはその物体が受ける力に比例し、物体の質量に反比例するというもの。式で表すと、ma=Fとなる。

いるうちに授業が終わっているというレベルでした。

夏休みに入って化学の問題集を開いても、つけ焼き刃《ば》的に解法を覚えるだけですから、成績はあまり上がりませんでした。じっくりと理解することなく、無理やり暗記していたわけですから、いま思うといちばんだめな勉強法だった気がします。

そして、前期試験に東京大学、後期試験に京都大学を受けましたが、見事に全滅《ぜんめつ》して浪人《ろうにん》生活に突入《とつにゅう》しました。

オサムのイチ押し

転んだときには、何かを拾ってから起き上がりなさい。

——**オズワルド・アベリー**（アメリカの分子生物学者。遺伝子の本体がDNAであることを解明した）

9 化学はオトナの学問だった！

周期表

元素を原子番号の順に並べると、性質が周期的に変化するという規則性が表れる。これを元素の周期律といい、この周期律にしたがって配列した表のこと。

予備校で本格的に化学を学ぶようになると、受験科目として必要な物理と化学をがんばらなくては、とモチベーションは上々《じょうじょう》でした。そして、勉強が進むにつれて、化学の勉強は丸暗記をすればいいものではないことがわかってきました。

原子の電子配置が決まり、周期表でその性質が整然と体系化され、少ないルールからいろいろなことがわかるという化学の本質的な部分にふれるようになると、化学は暗記科目というイメージがガラッと変わりました。

たとえば、水酸化ナトリウム NaOH は塩基性（アルカリ性）なのに、硫酸《りゅうさん》 H_2SO_4 は酸性になるという暗記が大前提のところですら、電気陰性度《いんせいど》を導入すると一発で説明できます（このあとの話は高校生には難しい内容ですが、予備校では普通《ふつう》に教えているのでふれておきます）。

非金属元素の原子どうしは、電子を共有する〝共有結合〟でつながります。電気陰《いん》性度《せいど》とは、原子が共有する電子対《つい》を引きつける力の大きさの尺度のことで、原子ごとに数値化されています。

共有結合

原子どうしが互《たが》いに電子を共有して電子対《つい》をつくり、より安定した状態になる結合。共有結合をするのは非金属元素＋非金属元素の場合で、代表的な物質に水分子 H_2O がある。

塩基性（アルカリ性）

酸を中和する物質の総称《そうしょう》が塩基で、塩基としての性質を示すことを塩基性という。とくに水溶液《すいようえき》が塩基性を示すとき、アルカリ性という（P.80参照）。

硫酸は酸性なのに水酸化ナトリウムはなぜアルカリ性?

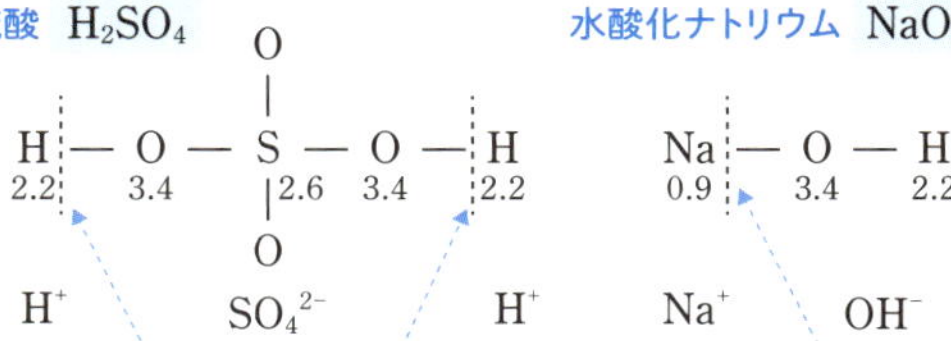

H_2SO_4の分子は水中で、電気陰性度の差がいちばん大きいO−HのところでH^+を切り離して酸性になる。

NaOHは、電気陰性度の差がいちばん大きいNaとOのあいだで電子が偏り、Na^+とOH^-のイオンになっている。

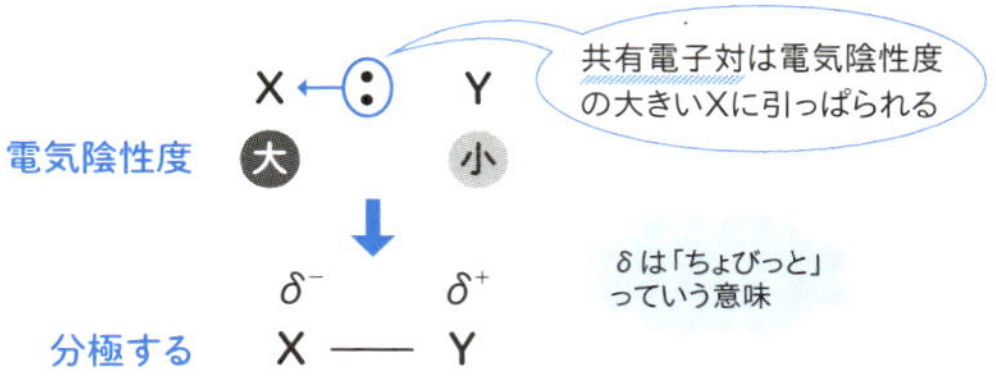

たとえば、酸素Oは3・4、硫黄《いおう》Sは2・6、水素Hは2・2で、数値が大きいものほど電子をより強く引きつけます。図解すると上のようになります（きちんとした構造式にはなっていません）。

これだけ見ると、どちらもO—Hがあるので、OH^-を出してアルカリ性になるのかなと思ったりするかもしれませんね。電気陰性度《いんせいど》の差が大きいと、引っぱる力が違《ちが》うので電子の偏《かたよ》りが起こります。これは、大人と子供が綱引《つなひ》きをすると、力の強い大人のほうに綱《つな》が引き寄せられていくようなもので、**電気陰性度《いんせいど》の大きい元素の原子のほうが強く**

共有電子対《つい》

分子の電子式にふくまれる電子対《つい》のうち、2つの原子が電子を1個ずつ出し合うことで形成される電子対《つい》。

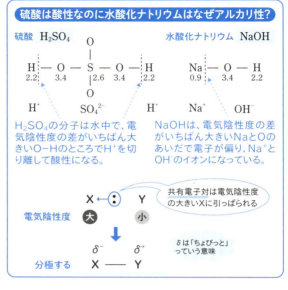

電子を引っぱりこみます。

水酸化ナトリウムNaOHの場合、電気陰性度《いんせいど》の差がいちばん大きいのがNaとOのあいだですから、電子はここで強くO原子のほうに引きつけられ、Na^+とOH^-に分かれています。ですから、NaOHは水中でOH^-を出してアルカリ性になるのです。このように、金属元素と非金属元素ではイオンになってつながろうとします。

硫酸《りゅうさん》H_2SO_4は、O－Hのところが電気陰性度《いんせいど》の差がいちばん大きいので、電子は強くOに引き寄せられます。水中では、さらに電子の偏《かたよ》りが激しくなり、O－HがOの陰イオンとH^+に分かれます。ですから、硫酸《りゅうさん》はH^+を出して酸性になるのです。

話はまた予備校生の頃《ころ》にもどりますが、物理好きのぼくが化学が好きな友人と議論をしていたときのことです。

「物理であつかう力学や物体の運動がシンプルだから美しいというけれど、ガリレオとかニュートンのような古い時代の人でも理解できたってことは、化学よりわかりやすいからじゃないのか。シンプルな……そう、お子様ランチみたいなものだよ」

と、友人にはっきり言われたことがあります。

たしかに、古典物理学がガリレオやニュートンによって1600年代に始まったのに対して、化学は100年以上遅《おく》れて始まります。これは、膨大《ぼうだい》な種類の物質のルールを探しあてるのに、人類の知性が非常に高度に発達し、「オトナ」になってやっとその視点にたどり着いたということです。

つまり、化学はオトナの学問だったのです。いうならば、お子様ランチ（物理）と割《かっ》烹《ぽう》料理（化学）、プラレールと鉄道模型くらいの違《ちが》いがあったわけです。ぼ、ぼくは、いままでお子様ランチをありがたがっていたのか（泣）、と衝撃《しょうげき》を受けました。

化学であつかう物質の世界、その構成要素である原子や分子は目に見えません。長い歴史のなかで、まずそれらの究極の成分である元素に気づいて、いくつもの元素を見つけてきました。しかし、目に見える物質の世界は複雑怪奇《かいき》です。

「この木綿《もめん》のぞうきんは炭素C、水素H、酸素Oからできています。ぼくの体も同じように炭素、水素、酸素をメインにしてできています。万物は元素の組み合わせです」

と唱えようものなら、人類の知性が未熟な時代であれば、「だったら、お前の体が明日からぞうきんになってゴロゴロ転がって床《ゆか》をふいてみろよ！」となったでしょうね。

原子や分子は目に見えないので、これに気づくまでに膨大《ぼうだい》な時間がかかったのと、気がついても実証するまでに長い時間がかかりました。いまは小学生でも知っている原子も、ほんとうに存在するのか、それとも化学者が考えついた説明用の仮想的な粒《りゅう》子《し》なのかをめぐって、19世紀末に大論争が行われたことがあります。

当時のノーベル賞をとるような有名な科学者たちでも、「原子は存在しない。説明用の仮想的な粒子《りゅうし》だ」と思いこんでいる人が多かったのです。20世紀になって、やっとほんとうに存在するものだということが常識になってきました。たった100年くらい前まで、原子があることなど非常識だったのです。

このように、化学がもつじれったさや、スッキリしない感は、複雑怪奇《かいき》な物質を説明するために膨大《ぼうだい》な時間がかかったことからもわかるように、高度な知性が要求されることにあります。単純明快にスパッとはいかないのです。

大論争

「粒子《りゅうし》ではなく、エネルギーだ！」と主張したマッハとオストワルトたちに、「原子こそが究極の存在だ」と主張したのがボルツマン。論争の決着がつく前に、ボルツマンは自殺した。

見えない原子や分子を想像して明らかにしていく高度な知性、想像力の賜物《たまもの》が化学なのです。たしかに、宇宙船を正確に月まで飛ばし、また地球に帰ってこられるようになるのは数学や物理の賜物《たまもの》ですが、ロケットや宇宙船、宇宙服をつくるのは最先端《さいせんたん》の合金やセラミックス、プラスチックなどの素材です。

当たり前ですが、新幹線も、映画「トランスフォーマー」に登場するロボット生命体も、目的にあった素材がなければつくることはできません。素材、つまり物質が重要なのです。

耐熱《たいねつ》性の合金、炭素繊維《せんい》、導電性プラスチック、液晶《えきしょう》や半導体などの新しい物質が生み出されるたびに、ジェット機やスマートフォンといった新しいモノが生まれてきました。こういったことに気づくと、化学について〝神〟性が増してきますね。

ほんとうに大切なものは目に見えないんだよ。

——**サン＝テグジュペリ**（フランスの作家。代表作『星の王子さま』に出てくる言葉）

10 化学の〝体あたり感〟に魅了《みりょう》される

ぼくが化学を好きになった理由の一つに、化学という学問がもつ〝体あたり感〟があります。人びとは、錬金術《れんきんじゅつ》が起こった紀元前2000年頃《ごろ》から、物質の知識を体あたりで集めてきました。たとえば、なめて酸《す》っぱいのが酸、なめて苦いのがアルカリという具合です。

はじめの頃《ころ》は、なめて毒にあたって死んじゃった人も多かったと思います。「これは危険だ」とか、「これは使える」というように、鉱石や植物、魚介《ぎょかい》類などいろいろなものを食べたり、あるいは成分を抽出《ちゅうしゅつ》したりして、膨大《ぼうだい》な種類の物質についての知識を手に入れていったのです。

そして、有機化学という分野に、ジエチルエーテル $CH_3—CH_2—O—CH_2—CH_3$ が

登場します。ジエチルエーテルは、たんにエーテルともいわれます。沸点《ふってん》が約35℃なので、人間の体温で沸騰《ふっとう》し、蒸発しやすく、甘《あま》い香《かお》りがする液体です。このジエチルエーテルという小さな分子が大きく世の中を変えたのです。

アメリカで出版された『ひとまねこざる』という絵本シリーズの一冊に、病院でジエチルエーテルの蒸気をかいだおさるのジョージがフラフラになるシーンが出てきます。ジエチルエーテルには麻酔《ますい》作用があり、1846年にエーテル麻酔《ますい》手術が公開され成功して以後、本格的な麻酔《ますい》手術ができるようになりました。

麻酔《ますい》薬が発明される以前の中世では、手術をする場合、患者《かんじゃ》を木のベッドに固定し、大きな木槌《きづち》で頭をたたいて気絶させたり、患者《かんじゃ》の絶叫《ぜっきょう》に医師が耐《た》えられるよう、手術前にウイスキーをたくさん飲むことなどが指示されたりしていました。壮絶《そうぜつ》な時代だったんですね。

ジエチルエーテルによって全身麻酔《ますい》手術が行われるようになり、医療《いりょう》の歴史が大きく変わります。しかし、この薬品は引火性が強いため、エーテル麻酔《ますい》が行われるようになった初期には、タバコの火や静電気による火花がエーテルの蒸気に引火して手術室ごと炎上《えんじょう》する事故が世界じゅうで多発しました。こういった体あたりの失敗や経験から学んだ蓄積《ちくせき》の結果、現代の安全な麻酔《ますい》手術が確立されたのです。

別の例としては、トリニトロセルロース、別名「綿火薬」といわれる物質の発見があります。1800年代中頃《なかごろ》に発見された物質で、それまで人類が600年以上使ってきた黒色火薬（木炭C、硝酸《しょうさん》カリウムKNO_3、硫黄《いおう》Sを成分とし、火縄銃《ひなわじゅう》などに利用された）よりも煙《けむり》や燃えカスが少なく、破壊力《はかいりょく》が大きいため、戦場のあり方を変えたといわれています。

この物質が発見されるストーリーも、「ザ・化学」をよく表しています。オゾンO_3を発見したスイスのシェーンバインという化学者が、奥《おく》さんから台所での実験を禁止されていたにもかかわらず、奥《おく》さんの留守中に実験をし、こぼした濃硫酸《のうりゅうさん》と濃硝酸《のうしょうさん》を証拠隠滅《しょうこいんめつ》のために奥《おく》さんの木綿《もめん》（セルロース）のエプロンで拭《ふ》き取ってストーブで乾《かわ》かしていたところ、突然《とつぜん》エプロンが燃えて爆発《ばくはつ》したのです。

シェーンバインは奥《おく》さんを恐《おそ》れるあまり、偶然《ぐうぜん》にも綿火薬を発見したわけです。このように、化学は、偶然《セレンディピティ》の発見からいろいろなものを発見・発明してきました。

化学がもつこの体あたり感は、現代の最先端《さいせんたん》の研究でも健在です。たとえば、アンドレ・ガイムとコンスタンチン・ノボセロフの二人が、なんとセロハンテープを使ってグラフェンという物質を取り出し、2010年にノーベル賞を受賞しました。いまではグラフェンが化学の新しい素材としてたいへん注目されています。

たとえるなら、物理学には「ドラえもん」に出てくる出木杉《できすぎ》くんのような優等生的なにおいがします。でも化学は、実験の失敗など、偶然《ぐうぜん》の出来事が思わぬ発見につながることが多いのです。まさに「瓢箪《ひょうたん》から駒《こま》」です。化学が好きになったぼくとしては、「『ドラえもん』の主人公は、やっぱりのび太だ！」と言いたいのです。

化学は予期しないことが起きる。そこで独創性が問われると思います。

――**白川英樹**《しらかわひでき》（化学者。導電性ポリマーの発見で2000年ノーベル化学賞を受賞）

11 いかにモチベーションと出合うか

こうして、ぼくは、化学嫌《ぎら》いから化学好きになっていったわけですが、なぜ化学好きになったかといえば、ぼくの人生に大きな伏線《ふくせん》があったのだと思います。

父親は東北地方の大地主の一人息子《むすこ》で、家には莫大《ばくだい》な資産がありましたが、若いときに両親を亡くし、後見人《こうけんにん》と仲が悪くなって家出した、まさに没落《ぼつらく》貴族のようなありさまだったそうです。母親は、奈良《なら》県十津川《とつかわ》村という〝ザ・秘境〟の高校卒でした。

ぼくは、東京・練馬の畑が広がるのどかな郊外《こうがい》で小・中・高時代を過ごしました。いまでいう昭和レトロなトタン張りのアパートに一家で住み、崇高《すうこう》なアカデミズムとは無縁《むえん》の家庭環境《かんきょう》でした。

小学校の高学年になると、クラスの友達の多くが塾《じゅく》へ通うようになります。そこで、

ぼくも塾《じゅく》に行きたいと父親に言ったところ、「織田信長とかエジソンが塾《じゅく》に行ってたか。お金だけ払《はら》って人に頼《たよ》ったり、他人に丸投げしたりするのはまちがっている！」と却《きゃっ》下《か》されました。ほんとうは毎月、子供を塾《じゅく》に通わせるゆとりがなかったのです。

ただ、母親は東京・上野の国立科学博物館や神田の交通博物館（現・鉄道博物館＝埼《さい》玉《たま》県さいたま市）、数多くある美術館などにしょっちゅう連れていってくれました。

父親とは、競艇《きょうてい》場や場外馬券売り場、近所のパチンコ店にばかり行っていたような気がします。あるとき、パチンコで大勝ちした父親が持ち帰った望遠鏡で、はじめて月のクレーターを見たときの感動はいまも忘れません。

人間をはじめ、生物は生まれてくるところを選べません。源泉の湧《わ》き出し口にpH《ピーエイチ》が1くらいの強酸性の温泉水が出ているところがありますが、こういった過酷《かこく》な環境《かんきょう》ですら、進化で獲得《かくとく》した特殊《とくしゅ》な細胞膜《さいぼうまく》や緩衝液《かんしょうえき》で防御《ぼうぎょ》して、バクテリアなどの生物が生活しています。

「熱いし、酸性強いし、なんやここー！　こんなところに産みやがってー」と呪《のろ》って叫《さけ》んでいるだけでは、温泉水の強い酸性にやられてしまいます。バクテリアですら工夫してがんばって生きているのですから、私たち人間も環境《かんきょう》のせいにしないで、自分で工夫してがんばらないといけませんね。

話が少々脱線《しょうしょうだっせん》しましたが、博物館めぐりのなかで、電気分解による食塩の製造であるとか、石油化学コンビナートであるとか、鉱山などのジオラマ展示といったものが大好きになりました。

自分がふだん生活している世界とはまったく別の知らないところで、毎日いろいろなものがつくられているという世界観の広がりにワクワクしました。展示に釘《くぎ》づけになって、家で地理などの図鑑《ずかん》で確かめるという日々《ひび》を過ごしていました。

高く登ろうと思うなら、自分の脚《あし》を使うことだ。高いところへは、他人によって運ばれてはならない。人の背中や頭に乗ってはならない。

――**ニーチェ**（ドイツの哲学者《てつがく》。『ツァラトゥストラはこう語った』などの著作がある）

12 教科書以外のところで学びを積み重ねる

こんな家庭環境《かんきょう》でしたが、幼稚園《ようちえん》に入った頃《ころ》に近所に図書館（練馬《ねりま》区立平和台図書館）ができたのです。図書館はぼくにとって、パラダイスでした。お金がかからないエンターテインメントとして、開館初日から入り浸《びた》っていました。

さらに中学生になり、プラモデルと鉄道模型にのめりこんでいたとき、雑誌で大好きな貨物列車が特集されました。いろいろな化学製品を積む貨物車が京浜《けいひん》工業地帯にたくさんあることを知り、真夏に自転車を5時間走らせて見にいきました。

巨大《きょだい》なコンビナートが広がる工業地帯を目《ま》の当たりにすると、その圧倒《あっとう》的な非日常感によって、外国に来たような衝撃《しょうげき》を受けました。化学製品をたくさん積んだ貨物列車がひっきりなしに走っているのを見て感動したものです。

そして、色とりどりのタンク車（液体を積むタンクを備えた貨車）にはまり、そこに書かれている「テレフタル酸専用」「塩化ビニル専用」「エチレングリコール専用」などの呪文《じゅもん》のような名前に引かれるようになりました。

高校で化学の落ちこぼれになったぼくが、起死回生で立ちなおれたのは、このときの経験が大きかったように思います。「テレフタル酸」「塩化ビニル」という名前が高校の化学の教科書に書かれているのを見たとき、「なるほど、あのタンク車の積み荷はこういう物質だったのか！」と、なんだか自分が新しいステージに成長したかのような感動がありました。

話が少々脱線《しょうしょうだっせん》しますが、人間の知の成長とは、こうしたことのくりかえしではないでしょうか。たとえば、中学生のときに読書感想文を書くため、いやいやながら本屋さんに行き、猫《ねこ》好きだからとりあえず夏目漱石《そうせき》の『吾輩《わがはい》は猫《ねこ》である』をタイトル買いして、途中《とちゅう》に出てくる古い言葉や表現に嫌気《いやけ》がさしながらもなんとか読み終え、「なーんだ、結局、最後は猫《ねこ》がビールを飲んで酔《よ》っ払《ぱら》う話か。つまんない小説だな」と結論

づけて、偽善《ぎぜん》的な感想文を書きあげて提出、みたいな流れを経験したとします。

でも、大人になって、資本主義社会の真っただ中に放り出され、ふとした機会にふたたび読み返してみると、明治の時代に急速に人びとの心に入りこんできた拝金主義的なロジックを猫《ねこ》の視点を借りて批判する、漱石《そうせき》の表現技法のすばらしさが身にしみてくるはずです。

このように、人生とは、自分の知の成長を確認する作業の連続だと思います。

そのために、親は、子供が小さい頃《ころ》からいかにガジェット（仕掛《しか》け）を仕込《しこ》んでおくかが大切だと思います。子供の「なぜ？　なぜ？」にしっかり答えてやるのも立派なガジェットです。

ジュースの氷を見た子供が、「なんで水が氷になっているの？」と質問してきたら、「水のなかの小さいつぶつぶ、分子っていうつぶの動きがおとなしいときは、集まって固体になるからだよ」

さらには、

「氷は、水の分子どうしが水素結合っていうので頑丈《がんじょう》につながっているんだ。とっても強い力でつながっていて、タイタニック号もこの水の分子どうしの水素結合で破滅《はめつ》させられたんだよ！」

というようなやりとりをすることが重要だと思います。

もちろん、子供には、分子とか水素結合なんてさっぱりわからないでしょう。でも、高校生になって化学の授業に登場してきたときに、「なるほど、そういうことだったのか！」と納得したり、映画「タイタニック」のDVDで豪華《ごうか》客船が巨大《きょだい》な氷山に衝突《しょうとつ》するシーンを見たときに、「あれが水素結合の威力《いりょく》なのか！」と腑《ふ》に落ちたりするなど、かつて仕掛《しか》けられたガジェットが知の起爆剤《きばくざい》として機能すると思います。

ぼく自身、高校の化学の教科書の〝お勉強〟は大嫌《きら》いでしたが、化学薬品を積んだ貨物列車がガジェットになったように、教科書以外での学びの積み重ねがありました。

だから、テレフタル酸や塩化ビニル、エチレングリコールといった呪文《じゅもん》のような名前に対するアレルギーが取り去られ、むしろ、「なるほど、あの呪文《じゅもん》のような名前の物

水素結合

水素と電気陰性度《いんせいど》の大きい原子（フッ素F、酸素O、窒素《ちっそ》Nなど）が共有結合で結びついた分子のあいだで、静電気的な引力が生じてできる結合。水素結合を生じる分子には、水H_2O、フッ化水素HF、アンモニアNH_3などがある。

質は、こういう役に立っていたのか！」と感動しながら、すんなりと覚えられたのだと思います。知らない世界があることにふれてから、そのあとで「それを知る」ということをくりかえすのが人生なのではないでしょうか。

昨日の自分と今日の自分とを比較《ひかく》することを忘れるな。自分と他人を比較《ひかく》するだけでは社会の奴隷《どれい》となる。昨日の自分との比較《ひかく》を忘れると慣習の奴隷《どれい》となる。

——ルソー（フランスの思想家。代表作『エミール』に出てくる言葉）

13 「自分はまだ何も知り得ていない」の思い

浪人《ろうにん》時代に化学が好きになったこと自体はよかったのですが、逆に、好きすぎて弊《へい》害《がい》が生じました。超《ちょう》分厚いノートを買ってきて、自作の「化学大事典」なるノートづくりに邁進《まいしん》したのです。当然、ほかの科目の勉強がおろそかになります。ぼくは英語も好きだったので、英語と化学、あとは好きな数学分野の微分《びぶん》積分やベクトルと行列という大学数学に直結した分野ばかりやっていた気がします。肝心《かんじん》な数学の整数問題や数列、確率などがおろそかになりました。

ノートづくりは、手段としては有用ですが、それだけで勉強した気になって満足してしまうという弊害《へいがい》があります。しかも、高校1年生あたりから授業と並行してつくっていくのなら効果はありますが、**入試までの時間が限られている受験生にとって必要なのは、ノートをきれいに完成させることではなく、与《あた》えられた入試問題を速く正確に解く能力**なのです。

きれいなノートが完成したものの、問題を解くのに十分な時間を割くことができず、入試で点数がとれないというのでは本末転倒《ほんまつてんとう》でしょう。

好きな科目、好きな分野だけ突《つ》きつめるというのも、日本の大学入試では弾《はじ》かれてしまいます。要は、各科目のバランスが大切なのです。1点差で合否が決まるようなハイレベルな受験に挑《いど》み、難関大学の合格を勝ち取っていくには、いかに自分の嫌《きら》いなところ、苦手科目、苦手分野をつぶしていくかにかかっています。

たとえば、野菜とお菓子《かし》をテーブルに並べたとき、子供は必ずお菓子《かし》を手に取りますが、大人は「栄養のバランスを考えてお菓子《かし》より野菜だな」と判断します。きれいなノートづくりに夢中になって、問題を解かずに満足するような「お子ちゃまの勉強」を卒業し、苦手な分野や科目といかに向き合うかという「大人の勉強」をすることが、大学入試では大事なのです。

また、受験勉強で大きな伸《の》びしろのある人には、「自分はまだ何も知り得ていない」という謙虚《けんきょ》さがあります。そのため、何でも吸収していくことができるのです。

逆に、「私はすでに知っている」と我流に固執《こしつ》する人、ネットの適当な情報などに右往左往して、「このやり方以外はだめ」と惑《まど》わされている人、まだ合格もしていないのに、「この参考書とこの問題集はいいが、この問題集はだめ」と評論家になっているような人は、あまり伸《の》びしろがありません。

古代ギリシアの哲学《てつがく》の祖ソクラテスが、「無知の知」ということを説いています。ぼくはこれを、「私はまだ何も知っていない」という謙虚《けんきょ》さで生きなさい、ということだと理解しています。「私はまだ何も知り得ていない」という謙虚《けんきょ》さは、幼児が何の偏見《へんけん》もなしにすべてを吸収していく姿勢と同じです。

「オレにはオレのやり方がある！」と自分の狭《せま》い方法論に固執《こしつ》しても、何も生まれません。浪人《ろうにん》をくりかえしている人は、我流が成功モデルでないことに気がつかないまま、ひたすら我流に固執《こしつ》しているように思われます。

そして、このような悪い見本をすべて実践《じっせん》して、得意分野や得意科目ばかりをひたすらやっていたぼくも、しっかり2浪《ろう》したのでした。

「そんな奴《やつ》がこんな勉強の本を書いていていいのか？」と、なんだか申し訳ない気持ちになりますが、歴史を学ぶ意義は、「何をすればいいか？」ではなく、「何をしてはいけないか？」を教えてくれることにあります。ですから、ぼくの〝黒歴史〟から教訓を導き出していただければ幸いです。

負けることは大切です。勝つことは、そこから何も学ぶことなく過ぎ去りがちですが、負けることは教訓を残し、そこから知恵《ちえ》が生まれ、学ぶことができるからです。
ただ、負けつづけないことが大切です。

人はつねに過去から学んできた。結局のところ歴史を逆に学ぶことはできない。

——**アルキメデス**（古代ギリシアの数学者。浮力《ふりょく》に関する「アルキメデスの原理」を発見した）

14 分子が人を救うことの感動と衝撃《しょうげき》

化学にロマンを感じたぼくは、早稲田《わせだ》大学の理工学部（当時）応用化学科に進学しました。理学部系統の化学科は純粋《じゅんすい》な化学理論を探究するところですが、応用化学科では「新しいモノをつくる」という実践《じっせん》的な学問を学びます。

大学時代は「何でも見てやろう」「キャンパスのなかで小さくまとまらない」を自分自身のスローガンにしていたので、24時間フル稼働《かどう》のような状況《じょうきょう》でした。朝は5時から近所の宅配便営業所で仕分けのアルバイト、昼は大学で勉強、夜は塾《じゅく》の講師や家庭教師のアルバイトという毎日を送っていたのです。

これだけでも忙《いそが》しいのに、大学ではサークル活動にも参加していました。当時、血友病の患者《かんじゃ》さんが内出血の防止などに使う凝固因子製剤《ぎょうこいんしせいざい》にエイズ（後天性免疫《めんえき》不全症候《しょうこう》群《ぐん》）の原因であるHIV（ヒト免疫《めんえき》不全ウイルス）が混入し、約2000人の患者《かんじゃ》さんが感染した薬害エイズ事件が世間を騒《さわ》がせていました。

2浪《ろう》してコンプレックスにまみれていたぼくは、友人のすすめもあって、「自分の不足を埋《う》めることに必死になるよりは、ほかの人たちの不足を埋《う》めるお手伝いをする人間になろう」と思いたち、被害者《ひがいしゃ》を支援《しえん》するサークルに入ったのです。

そのサークルで出会ったのが某《ぼう》大学の薬学部を卒業したMさんで、彼《かれ》もまた医師の「安全ですよ」という言葉にだまされてHIV感染者にされた一人でした。

あるとき、Mさんが服用していたエイズの発症《はっしょう》を防ぐ最先端《さいせんたん》の薬アジドチミジン（AZT）を見せてもらいました。ウイルスの増殖《ぞうしょく》を防ぐ当時唯一《ゆいいつ》の薬で、Mさんは薬の説明書の構造式を手にAZTの分子がいかに作用するかを教えてくれたあと、

「大宮君も化学を専攻《せんこう》しているわけだから、こういった人のためになるような分子をつくる人になってください」

と言ったのです。分子が人を救うという現実を目《ま》の当たりにして、とても感動したことを覚えています。

大学3年になると、応用化学科の学生は研究室への配属が決められます。ぼくは、遺伝子工学を駆使《くし》するバイオテクノロジーの研究室が第1志望でしたが、くじ引きではずれ、高分子化学の研究室に入ることになりました。

高分子化学は、新しいプラスチックを合成するような分野です。ほかの化学の分野は、欧米《おうべい》が19世紀から研究を続けてきた歴史があるのに対し、高分子化学は20世紀初頭から勃興《ぼっこう》してきた新しい分野で、歴史が浅く、日本が最初から海外の研究レベルと

互角《ごかく》に戦ってきた分野です。

研究室が決まり、居酒屋で当時の彼女《かのじょ》とプチお祝い会をしたときに、「ぼくは高分子化学研究室に行くから、高分子化学でノーベル化学賞をねらう！」と宣言しました。すると、彼女《かのじょ》から、「そこ、軍隊っていわれるくらい過酷《かこく》で、朝8時から次の日の朝8時まで実験、みたいなところらしいよ」と言われ、人生に暗雲が立ちこめました。

アルバイトやサークル活動で忙《いそが》しかったこともあり、学科の友達ともあまり交流がなかったため、配属された研究室がそんなに過酷《かこく》なところとは知らなかったのです。高分子化学はプラスチックの学問ですから、「小・中時代に『ガンダム』や戦車のプラモデルを爆竹《ばくちく》で爆破《ばくは》していたバチがあたった」「プラスチックの神様の祟《たた》りだ」としか思えませんでした。

大学3年の2月から、研究室での生活が始まりました。研究室の二人の指導教授との最初の面接で、ぼくは、「高分子化学の分野でノーベル賞をねらいたいのですが、日本の大学のレベルではままならないので、カリフォルニア工科大学に行きたいです」

と言いました。

すると、一人の教授から、「私はカルテック（カリフォルニア工科大学）で教授をやっていたから、行きたいのなら行きなさい。君は野心があってすばらしい。その志でがんばるように」と言われ、特別待遇《たいぐう》で迎《むか》え入れられました。

ところが、その後しばらくたって、教授と進路の話をしていたときにお金の話になったのです。そして、「いまどきめずらしい苦学生だ」とたいそう感心してもらったものの、奨学金《しょうがくきん》などの必殺ワザもなく、結局、大学院への進学もかなわず就職することになりました。

指導教授のお二人は、日本の、いや世界の機能性高分子化学の泰斗《たいと》で、ご高齢《こうれい》の先生に、「どうして高分子化学の道に進まれたのですか？」とうかがったことがあります。

すると、その先生から「自分が学生のときに、地元の岐阜《ぎふ》市が大空襲《だいくうしゅう》にあい、炎上《えんじょう》する市街電車や灰となった街を目《ま》の当たりにして、アメリカの圧倒《あっとう》的な化学力を思い知らされた。それに勝つには、高分子化学でチャレンジするしかないと思った」とい

機能性高分子化学
光や熱で形を変えたり、色を変えたりする高分子、電圧をかけると光る高分子、ある物は通り抜《ぬ》けるがある物はさえぎる高分子など、世の中にない、役に立つ高分子物質を生み出す研究。

う答えが返ってきて、ミリタリーにうんちくのあるぼくとしては感動しました。

これこそが、戦後の日本を牽引《けんいん》してこられた各分野のご高齢《こうれい》の教授方がおもちのフィロソフィー（哲学《てつがく》）ではないでしょうか。

先の大戦でアメリカ軍は、高高度（1万メートル以上）で侵入《しんにゅう》できるB29爆撃機《ばくげきき》で日本の主要都市を焦土《しょうど》にしましたが、B29には高高度の寒冷に耐《た》えられるように、シリコーンゴムという寒さに強い素材が使われていました。上っ面の兵器のぶつかりあいではなく、まさに化学の力の激突《げきとつ》だったのです。

このように、学生時代に世界最高峰《さいこうほう》の教授陣《じん》の薫陶《くんとう》を受けたことは、ぼくの人生における啓示《けいじ》だったと思っています。

涙《なみだ》とともにパンを食べた者でなければ、人生のほんとうの味はわからない。

——**ゲーテ**（ドイツの文豪《ぶんごう》。『若きウェルテルの悩《なや》み』『ファウスト』などのほか、化学を題材にした作品や著作もある）

15 化学の予備校講師としてめざすもの

ノーベル化学賞をねらって、高分子化学の研究室に入って実験にいそしんだぼくでしたが、資金がなくて大学院には行けず、だれにも惜《お》しまれずに卒業して、神奈川県《かながわけん》にある地元密着型の大学受験予備校の化学講師になりました。

研究者、さらに大学教授になりたかったぼくとしては無念の就職でしたが、自分の不足を埋《う》めようともがくよりも、他人の不足を埋《う》めてあげられる人になろう、そして、自分が研究者としてノーベル賞をめざせなくなったいま、今度はノーベル賞を受賞するような生徒を育てるしかない、とポジティブにとらえました。

元来、人にものを教えることが大好きでしたから、こうなったら世の中に二人といない化学の講師になって、オンリーワンをめざそうと志を立てたのです。

化学は物質の学問ですから、色が変わるとか、泡《あわ》がブクブク出るといった化学反応の原点である「化ける」を、生徒たちになるべくビジュアルで見せようと思いました。そのために、大学の研究室に出入りしていた薬品卸会社《おろしがいしゃ》の営業担当にお願いして、いろいろなところと特別なパイプを築きました。

さらに、立体の構造をビジュアル的にわかりやすく伝えられるように、分子の模型や金属結晶《けっしょう》の模型を発泡《はっぽう》スチロールなどを組み合わせてつくりました。

ところが、最初に就職したこの予備校では、講師研修などで「ほかの先生がやっていないことをやっていてはイカン！」と上司に言われ、通常業務が終わったあと、空いた夜の教室で研修ばかりやらされました。

「出る杭《くい》は打たれるが、出すぎたら打たれない」がぼくのポリシーでしたし、本物の化学を追究することを曲げたくなかったので、輝《かがや》かしい新入社員の生活を5カ月でやめて、フリーランスの講師として独り立ちしました。

幸い、そのときに受けた大手予備校の講師試験に合格し、次の年度から講師として

教壇《きょうだん》に立つようになったのです。

この予備校では当時、最年少で採用された講師でしたが、衛星放送やオリジナルのテキストで授業を行い、参考書や問題集も多数出版しました。そして10年後、河合塾《かわいじゅく》の化学科の講師になりました。

いまでも授業などで演示実験をやっていますが、本物の物質の「化ける」があってこそ、本物の化学だと思います。

不幸はナイフのようなものだ。ナイフの刃《は》をつかむと手を切るが、把手《とって》をつかめば役に立つ。

——**ハーマン・メルビル**（アメリカの作家。『白鯨《はくげい》』などの作品がある）

第Ⅲ章

化学のロマンを味わう

小さな違《ちが》いが
大きな変化をもたらすよ

16 まずは物質を分類してみよう

化学基礎

この章では、化学の根底にある知識について、いくつか解説します。化学は物質に関する知見ですから、まずは身のまわりのもので物質を分類してみましょう。

物質は原子が集まってできています。原子には性質の異なるものがたくさんあり、それぞれの原子のキャラクターの違《ちが》いや性質によって分類した物質の成分を「元素」といいます。炭素という元素には炭素原子があり、水素という元素には水素原子があります。これらの元素を、炭素はC、水素はH、ラジウムはRaというように、元素記号というアルファベットで表すのです。

この元素記号にも人類の営みがつまっています。炭素のCはcarbon《カーボン》のCで、ラテン語のcarbo《カルボ》は「炭」という意味です。ちなみに、カルボナーラ（イタリア語）というパスタがありますが、仕上げに散らした胡椒《こしょう》が炭焼き人の服についた炭のようなので、炭焼き人＝カルボナーラと名づけられました。

さらに、**物質はそのでき方によって、大きく「単体」と「化合物」の二つに分けられます。**単体は1種類の元素から構成されたもので、私たちが空気から吸っている酸素O_2や、火山の噴火口《ふんかこう》や温泉の湧《わ》き出し口にある黄色い粉末の硫黄《いおう》Sなどがあります。台所のアルミホイルはアルミニウムAlの単体です。

一方、2種類以上の元素の原子が結合してできたものが化合物で、水H_2Oや、食塩の主成分である塩化ナトリウムNaClなどがあります。ジェラート屋さんでいえば、別々《べつべつ》の容器に入っているバニラ、チョコ、抹茶《まっちゃ》、ミントといったアイスの種類が元素で、バニラだけ、チョコだけのアイスが単体、2種類以上組み合わせて盛りつけたものが化合物というイメージです。

私たちがふだん使っているスマートフォンや文房具《ぶんぼうぐ》、さらには電車や飛行機など、あらゆるものの材料の源をたどると、石油と鉱物資源にたどり着きます。石油はおも

に炭素と水素の化合物で、鉱物資源は金属の化合物です。そこから必要な元素の原子を取り出し、化学反応で新たな原子の組み合わせを起こして有用な物質をつくりだすわけです。

鉱物から取り出した「自然にあるもの」から、原子を組み替《か》えて「新しい物質をつくる」という究極の魔法《まほう》が化学なのです。そして、この魔法《まほう》を使うときの原料の秘密が「周期表」で、呪文《じゅもん》が化学反応です。化学は、壮大《そうだい》な魔法《まほう》の世界なのです。

オサムのイチ押し

十分に発達した科学技術は、魔法《まほう》と見分けがつかない。

——**アーサー・C・クラーク**（イギリスのSF作家。『2001年宇宙の旅』などの作品がある）

17 周期表は物質の世界を旅するための地図

化学基礎

100種類以上の謎《なぞ》のアルファベットの組み合わせがドドーンと並んでいる周期表を見て、「暗記なんて、無理、無理」とため息をつく人が多いようですが、周期表をすべて丸暗記する必要はありません。周期表は物質の世界を旅するための地図のようなものです。

周期表に並んでいる元素は、分類のしかたに二つのタイプがあります。

タイプ❶ 典型元素と遷移《せんい》元素

元素は大きく、典型元素と遷移《せんい》元素に分類できます。

縦の列を指定する族は1族から18族まであり、横の列を指定する周期は第1周期から第7周期まであります。このうち、1、2族と12～18族の元素を「典型元素」といい、3～11族（12族をふくめることもある）の元素を「遷移《せんい》元素」といいます。

典型元素は、周期表の縦の列で似た性質のものが並んでいます。周期表の縦の列の元素の原子それぞれのいちばん外側にある電子数が同じなので、縦に並ぶ同族元素は

似た化学的性質をもっています。

たとえば、16族の酸素Oと硫黄《いおう》Sは、いちばん外側にある電子の数が6個で共通し、水H_2Oが折れ線型（V字型）の極性分子であるとわかると、酸素と硫黄《いおう》を入れ替《か》えても同じで、硫化《りゅうか》水素H_2Sも折れ線型の分子とわかるのです。

一方の遷移《せんい》元素は、周期表の横に並んだ元素どうしで似たような性質になります。たとえば、周期表の第4周期に鉄Fe、コバルトCo、ニッケルNiという有名な金属元素が横に並んでいますが、これらの元素は、それぞれの単体が磁石につくとか、錯《さく》イオンが正八面体になりやすいといった、共通の性質をもっています。

また、遷移《せんい》元素には触媒《しょくばい》やエレクトロニクスの材料になるものが多く、まさに最先《さいせん》端《たん》のテクノロジーになくてはならない元素が並んでいます。

このように、周期表を活用すれば、暗記する量をグッと減らすことができます。

タイプ② 金属元素と非金属元素

極性分子

異なる原子が共有結合すると、電子が電気陰《いん》性度《せいど》の大きい原子に引き寄せられ、原子はマイナスの電荷をおびる。こうした電荷の偏《かたよ》りを極性といい、極性をもつ分子を極性分子という。

錯《さく》イオン

金属イオンに、分子やイオンなどがもつ非共有電子対《つい》（P.83参照）を提供し、それを共有することで生じる配位結合（P.146参照）によってできたイオン。$[Fe(CN)_6]^{3-}$などのように表す。

元素の周期表

非金属元素
金属元素

周期＼族	1	2	3	4	5	6	7	8	9	10	11	12	13	14	15	16	17	18
1	H																	He
2	Li	Be											B	C	N	O	F	Ne
3	Na	Mg											Al	Si	P	S	Cl	Ar
4	K	Ca	Sc	Ti	V	Cr	Mn	Fe	Co	Ni	Cu	Zn	Ga	Ge	As	Se	Br	Kr
5	Rb	Sr	Y	Zr	Nb	Mo	Tc	Ru	Rh	Pd	Ag	Cd	In	Sn	Sb	Te	I	Xe
6	Cs	Ba	ランタノイド系	Hf	Ta	W	Re	Os	Ir	Pt	Au	Hg	Tl	Pb	Bi	Po	At	Rn
7	Fr	Ra	アクチノイド系															

次に、反応や性質を理解するうえで大切なのは、ある元素の単体が金属の性質をもつのか、それとも金属とは正反対（非金属）の性質をもつのかという分類です。

周期表の水素Hを除く1～12族は、すべて金属元素です。さらに、13～16族にも金属元素があります。一方、非金属元素は、水素Hと、周期表の右側の13～18族にある元素です。金属元素であるアルミニウムAlと非金属元素であるケイ素Siを境に階段状に分かれています。

この境の近くにある元素は金属元素と非金属元素の中間的な性質をもつ半導体といわれるものに関連し、ケイ素SiやゲルマニウムGeなどの単体が半導体になります。

ざっくり分類すると、金属元素は陽イオンになりたがるグループです。いちばん外側の電子（これを価電子といいます）を出して陽イオンになると、貴ガス（希ガス）型電子配置（貴ガス元素といわれる18族の元素の電子の安定した並び方）になるので、ひたすら電子を出したがっているのです。

　アルミホイルのくしゃくしゃと変形できる性質、光を反射して光沢《こうたく》があること、電気を流すことなどは、すべてアルミニウムの原子が金属元素で陽イオンになりたがっていることからくる性質です。この陽イオンになりたがる性質を「陽性」といいます。

　一方、非金属元素は、電子をもらって陰《いん》イオンになりたがるグループです。電子をもらうと、いちばん外側の電子の並び方が貴ガス元素と同じになるので、ひたすら電子を欲しがります。この陰《いん》イオンになろうとする性質を「陰性《いんせい》」といいます。

　古代の人たちが、宇宙は陽と陰《いん》からできていると考えたことは、あながちまちがっていたわけではありません。原子の世界は、電子をやりくりして、ひたすら貴ガス型電子配置をめざす世界です。

　そのために金属元素は電子を出したり、非金属元素は電子を受け取ったりして反応が起こり、いろいろな物質ができあがっています。

貴ガス（希ガス）元素

周期表の18族にあるヘリウムHe、ネオンNe、アルゴンAr、クリプトンKr、キセノンXe、ラドンRnの総称《そうしょう》。いずれも常温で気体。安定した電子の並び方をしており、反応しにくい。

オサムのイチ押し

万物は陰《いん》の気と陽の気を抱《いだ》き、気を交流させて和を保つ。

——老子（古代中国の思想家）

18 原子のつながり方の違《ちが》いを知る

化学基礎

すべての物質は原子がつながってできています。ここでは、原子がつながって物質ができる流れを見てみましょう。

前述のように、金属元素は陽イオンになりたがっているグループなので、金属元素が集まるときは陽イオンになります。たとえば、アルミニウムAlが集まると価電子を放出し、陽イオンAl^{3+}になります。放出された価電子は、無数のAl^{3+}のすきまを動きまわるようになります。これらを自由電子といい、金属の表面にたくさん存在して

自由電子

原子との結びつきが弱く、物質内を自由に動きまわる電子。金属に多いので電気をよく通すが、空気やゴムのように自由電子の移動が少ない物質は絶縁体《ぜつえんたい》となる。自由電子が金属独特の光沢《こうたく》を生み出している。

いる自由電子に光があたると跳《は》ね返されて、アルミホイルのような金属独特の美しい光沢《こうたく》が生じます。

電気を流したり熱を伝えやすくなったりするのも、この自由電子があるからです。金属が変形しやすいのも、水の上にたくさんのボールが集まって浮《う》かんでいるのと同じように、無数の陽イオンが自由電子とゆるーく結びついて集まっているからです。

金属元素と非金属元素がつながるときは、金属が陽イオン、非金属が陰《いん》イオンとなって、＋と－の電気をもつイオンという粒子《りゅうし》ができ、これらの静電気の引力（クーロン力）でつながります。

たとえば、食塩の主成分である塩化ナトリウム **NaCl** は、ナトリウムイオン **Na^+** と塩化物イオン **Cl^-** からできています。また、日本各地の鉱山で採掘《さいくつ》される石灰石（炭酸カルシウム）**$CaCO_3$** は、カルシウムイオン **Ca^{2+}** と炭酸イオン **CO_3^{2-}** のイオンがつながったもので、セメントや製鉄、さらに黒板で使うチョークの原料になります。

非金属元素どうしがつながるときは、原子どうしで分子をつくります。非金属元素

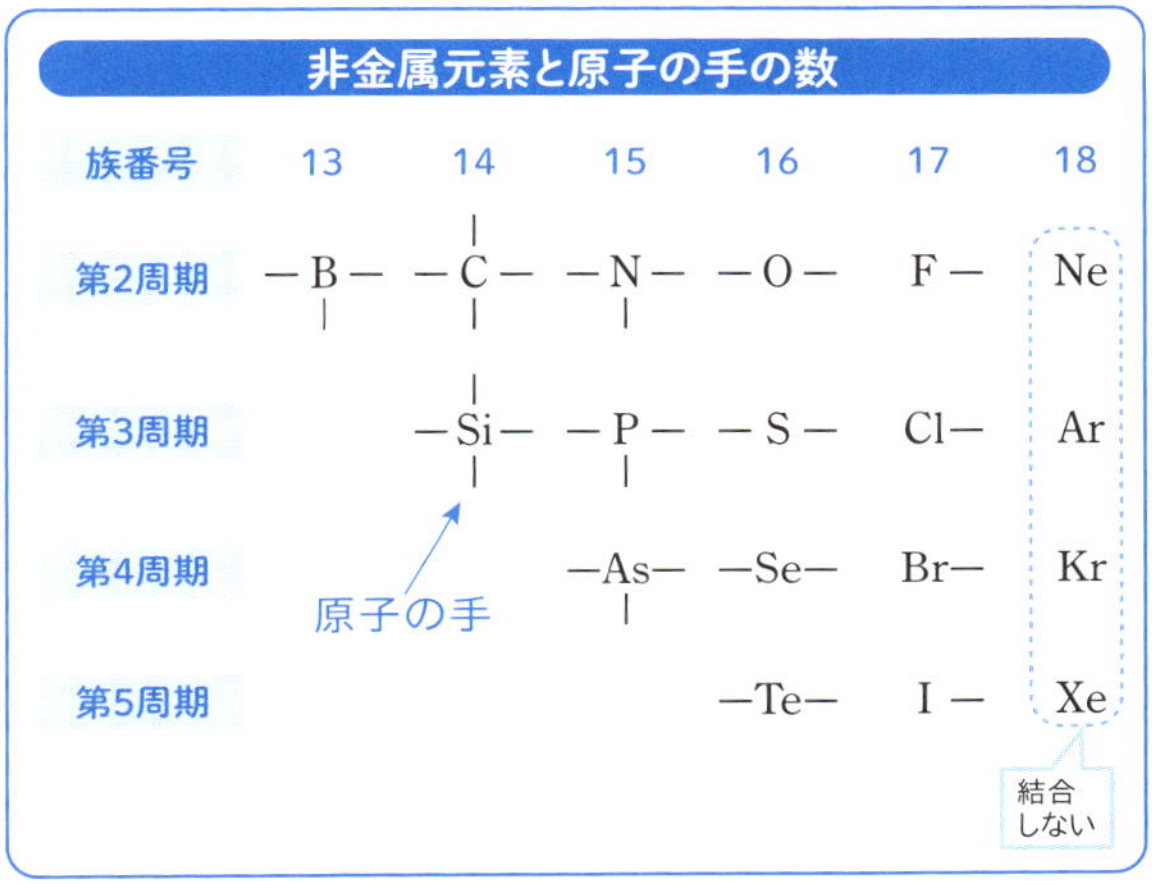

では原子のいちばん外側にある電子の数が、周期表で縦に同じです（ヘリウムHe以外）。この電子の数が決まると、その並び方で原子の手の数が決まり、原子が出している手を周期表に沿って並べると上図のようになります。

ここでも重要なのは、周期表での位置関係です。ここにあげた典型元素は原子の手の数が縦に同じですから、第2周期にある原子それぞれの手の数を知っていれば、ほかの元素にも応用できます。

たとえば、16族の酸素Oの下には硫黄《いおう》Sがあります。OとSは手の数がそれぞれ2本ですから、水分子H—O—HのOをSに入れ替《か》えて、H—S—Hにしても成り立ちます。硫化《りゅうか》水素H_2Sの分子のできあがりです。

原子の手

原子はほかの原子と結合して分子をつくるとき、互《たが》いに電子を出し合っている。この結合をつくる電子が原子の手に相当し、炭素Cは4本、窒素《ちっそ》Nは3本、酸素Oは2本、水素H、塩素Clは1本。

また、17族のハロゲンといわれる元素群では、F―、Cl―、Br―、I―のように、手の数は1本です。非金属元素はそれぞれの族ごとに手の数が決まり、あとはこれらをブロック玩具《がんぐ》のように組み立てていけば無限に分子をつくることができます。

化学者は、自然界にある物質をバラバラにし、別のものにつなぎなおして、化学という〝魔法《まほう》〟によって自然界に存在しない物質をつくりだしてきたのです。

オサムのイチ押し

自然がすべての種をつくりおえたとき、人類は自然にあるものを使って、自然との調和を保ちながら、無限の種を創造しはじめる。

――レオナルド・ダ・ビンチ

19 化学反応はブロックの組み替《か》えと考えよう

化学基礎

化学反応とは、そもそも何でしょうか。それは、原子の組み替《か》えです。ブロック玩《がん》具《ぐ》にたとえるなら、ブロックのパーツをつけ替《か》えて別のものにすることです。友達がつくったブロック玩具《がんぐ》の飛行機をバラしてポルシェにする、みたいなことです。

ここで、第1章でとりあげたセンター試験の問題（P17〜18）にもどります。この問題は、「化学反応が関係していないものはどれか？」です。つまり、原子の組み替《か》えが起こっていないものを考えればいいのです。

まず、①は、塩素系漂白剤《ひょうはくざい》（主成分は次亜塩素酸《じあえんそさん》ナトリウムNaClO）と酸性洗剤《せんざい》（主成分は塩酸HCl）の化学反応で、塩素ガスCl_2が発生します。

②は、炭素Cが不完全燃焼して有毒な一酸化炭素COが発生するので化学反応。

③は、100℃以上に熱せられた天ぷら油に水が入り、激しく沸騰《ふっとう》して水蒸気が爆《ばく》発《はつ》するように生じる現象で、水（液体）から水蒸気（気体）への状態変化です。状態変化は化学反応ではないので、③が正解です。水が沸騰《ふっとう》して水蒸気になっても、水分子H_2Oに変化はありません。

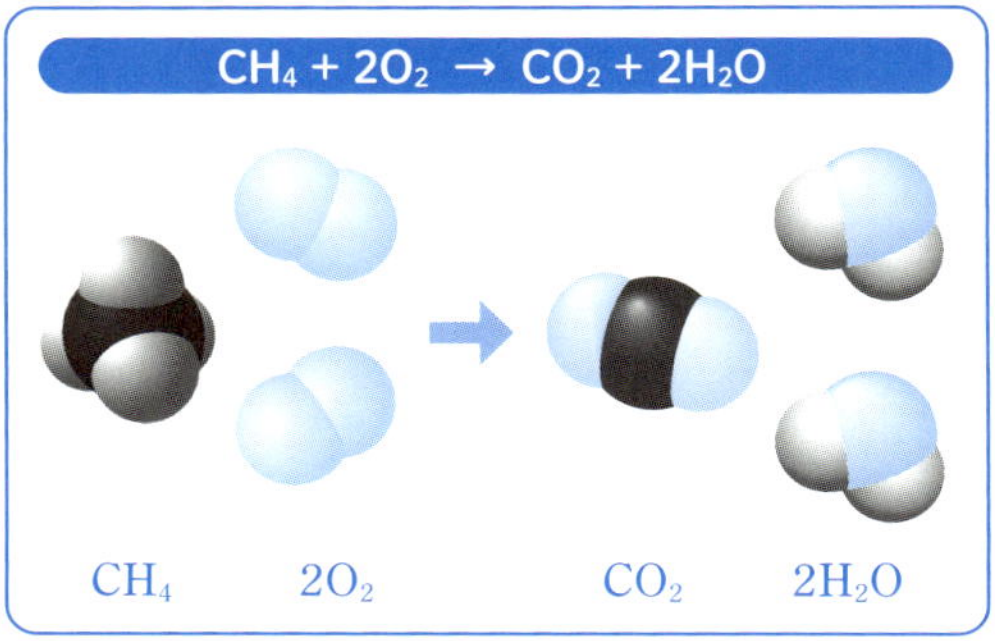

④は、天然ガス（主成分はメタンCH_4）やプロパンガス（プロパン）C_3H_8の燃焼、爆発《ばくはつ》ですから化学反応。⑤は、酸化カルシウム（生石灰《せいせっかい》）CaOと水が化学反応して、水酸化カルシウム（消石灰《しょうせっかい》）$Ca(OH)_2$になります。

化学反応を表現するには、化学反応式を使います。たとえば、家でコンロに火をつけると、都市ガスであれば、天然ガスの燃焼反応が起こります。メタンCH_4が空気中の酸素O_2と反応し、メタンの炭素原子Cは二酸化炭素CO_2に、H原子は水H_2Oに変化します。

ブロックが組み替《か》わっていくようなイメージでとらえられましたか？　なお、この化学反応についてもルールが存在します。やみくもに原子が組み替《か》わるわけではありません。

重要なのは想像力です。技術ではありません。頭から生まれたものを好きなようにつくるのが大事です。ベッドでもトラックでも。ドールハウスや宇宙船もです。

——レゴ社（デンマークに本社があるブロック玩具《がんぐ》の製造メーカー）

20 化学反応には三つのタイプがある

化学基礎

宇宙にある化学反応は、究極的には三つに分類されます。順に見ていきましょう。

タイプ① 酸・塩基反応

中学校で習う中和反応は、水素イオンH^+と水酸化物イオンOH^-が合体して、水H_2Oになるということです。このような中和反応について、スウェーデンの化学者ス

バンテ・アレニウス（1903年ノーベル化学賞を受賞）が、次のように定義しました。

●アレニウスの定義

- 酸……水に溶《と》けてH^+を出すもの
- 塩基……水に溶《と》けてOH^-を出すもの

水に溶《と》けて水中でOH^-を出すものをアルカリといい、酸と反応するものが「塩基」です。これらが混ざって中和反応が起こり、H^+とOH^-はH_2Oになって、酸《す》っぱいのと苦いのが打ち消し合います。そして、いろいろな中和反応が説明できます。

- $HCl + NaOH \rightarrow NaCl + H_2O$

HCl	$NaOH$	$NaCl$	H_2O
塩化水素 酸	水酸化ナトリウム 塩基	塩化ナトリウム	水

アレニウスは19世紀末に化学を発展させた天才で、飛び級で小学校も一気に卒業しています。25歳《さい》のときに、「塩化ナトリウム$NaCl$などは水に溶《と》けると陽イオンと陰《いん》イオンに分かれる」という電離《でんり》説の論文を提出し、当時の一流の化学者から「非常識だ」

と批判されながらも、のちに正しいことが証明されてノーベル化学賞を受賞しました。

化学や科学の歴史は、つねに常識との闘《たたか》いです。新しいものを生み出して世の中を革新していくわけですから、ガリレオ、コペルニクス、アレニウスなど、多くの科学者が新しいものを発見するたびに「非常識だ」とバカにされてきました。こうした積み重ねが、教科書に載《の》っている現代のサイエンスの知識なのです。

◉ブレンステッド・ローリーの定義

アレニウスの定義をさらに拡大したのがブレンステッド・ローリーの定義です。「ミッキーマウスとミニーマウス」というとらえ方から、ドナルドダックとデイジーダックもふくめますよと、もっと大きなくくり方に広げたようなもので、**酸と塩基の反応＝H^+のキャッチボール**ということです。

- 酸……H^+を出すもの（H^+のピッチャー）
- 塩基……H^+を受け取るもの（H^+のキャッチャー）

こういった酸と塩基の反応も、広い意味で中和反応と呼びます。アレニウスの定義による中和反応は、H^+とOH^-が結合してH_2Oになって終わり、という身もふたもないものですが、ブレンステッド・ローリーの定義の新しいところは、酸と塩基は表と裏のリバーシブルな関係にあることです。次の中和反応の式を見てください。

● 塩化水素（酸）＋ 炭酸水素ナトリウム（塩基）→ 塩化ナトリウム ＋ 水 ＋ 二酸化炭素

$$HCl + NaHCO_3 \rightarrow NaCl + H_2O + CO_2$$

（H_2CO_3　炭酸）

酢酸 ＋ 水酸化物イオン → 酢酸イオン ＋ 水

$$CH_3COOH + OH^- \rightarrow CH_3COO^- + H_2O$$

酢酸《さくさん》CH_3COOHが中和されて酢酸《さくさん》イオンCH_3COO^-ができますが、生じた酢酸《さくさん》イオンはH^+を受け取るキャッチャーとしての性質がありますから、塩基が生じたことになります。酸（オモテ）が中和されて、新たに塩基（ウラ）が生じたことになります。

これは、ピッチャーがボールを投げたら、キャッチできる状態になるのと同じです。

そして、反応が終わっても、物語は続きます。二人はついに結婚《けっこん》して、また次の新しい物語が始まる……という大人の小説のような広がりが生まれてくるのです。

◉ルイスの定義

高校化学では範囲外《はんいがい》ですが、大学で導入される定義で、研究者や大学生にとっては酸と塩基といえば、この定義になります。酸・塩基反応を「非共有電子対《つい》のキャッチボール」と見なします。

- 酸……非共有電子対《つい》を受け取るもの（非共有電子対《つい》のキャッチャー）
- 塩基……非共有電子対《つい》を出すもの（非共有電子対《つい》のピッチャー）

この定義により、沈殿《ちんでん》ができる反応や、より広い反応が明快に酸・塩基の反応に分類されます。もちろん、従来の酸と塩基の反応もふくまれます。非共有電子対《つい》というむきだしの電子対《つい》のうち、一つを「:」で表すと、

- H^+（酸）＋ $:OH^-$（塩基）→ H_2O

非共有電子対《つい》
原子がもつ、他の原子と共有されていない孤立《こりつ》した電子対《つい》。

● Ag^{+} ＋ $:Cl^{-}$ → AgCl
酸　塩基

アレニウスの定義の「ミッキーマウスとミニーマウス」から、ブレンステッド・ローリーの定義で「ドナルドダックとデイジーダック」も入って広がり、さらにルイスの定義で「塔《とう》の上のラプンツェル」なども加わってディズニーのアニメ全体に拡張され……というように、いろいろな反応が包括《ほうかつ》的に見られるようになります。

タイプ❷ 酸化・還元《かんげん》反応

タイプ❶とまったく異なるのが、酸化・還元《かんげん》反応です。酸化・還元《かんげん》では、ひと言でいうと、電子のキャッチボールが起こります。酸化は電子を失うことで、還元《かんげん》は電子を得ることです。さらに、相手を酸化する酸化剤《ざい》（自身は還元《かんげん》される）と、相手を還元《かんげん》する還元剤《かんげんざい》（自身は酸化される）が登場します。

● 酸化剤《ざい》……相手から電子を奪《うば》い取る物質（電子のキャッチャー）

酸化・還元《かんげん》反応
酸化は、物質が酸素を得る・または水素を失う反応。還元《かんげん》は、物質が酸素を失う・または水素を得る反応。ある物質が酸化されたら、還元《かんげん》された物質がほかに存在する。酸化と還元《かんげん》はセットで起こる。

●還元剤《かんげんざい》……相手に電子を与《あた》える物質（電子のピッチャー）

たとえば、「アルミニウムAlが○○と反応した」「亜鉛《あえん》Znが○○と反応した」という金属の単体が登場する反応では、金属の単体は電子を出すことしかできないので、アルミニウムや亜鉛《あえん》が還元剤《かんげんざい》になり、反応する相手が酸化剤《ざい》になります。

電池というのは、この酸化・還元《かんげん》反応を利用してキャッチボールされる電子の流れを外の回路に取り出す装置です。電池を回路につないでスイッチをオンにすると、電池の負極に入っている還元剤《かんげんざい》が出した電子が回路に流れ、その電子がいろいろな装置で働

電池と電気分解の関係

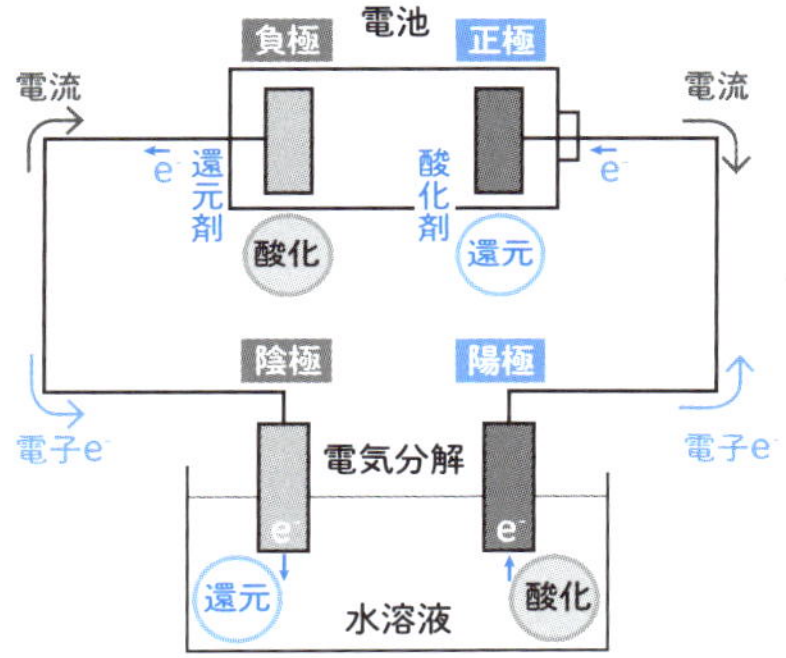

〈電池〉
◉正極……陽極から電子を吸い上げ、電子を奪い取る還元反応が起こる。
◉負極……電子を放出し、陰極に電子を送り込む酸化反応が起こる。

〈電気分解〉
◉陰極……水溶液中の陽イオンや水分子が陰極から電子を受け取る還元反応が起こる。
◉陽極……水溶液中の陰イオンや水分子が陽極に電子を与える酸化反応が起こる。

電流と電子は逆の向き

昔の人たちは、回路の中で正極→負極に流れるものを電流と決めたが、実際には、その逆の負極→正極に向けて電子だけが流れている。

いて、最後に正極に向かいます。正極では酸化剤《ざい》がスタンバイしていて、電子を受け取る反応が起こります。

電気分解とは、電池などの電源の負極につながった陰極《いんきょく》（最強の還元剤《かんげんざい》）から電子を出して分子や陽イオンに電子を与《あた》え、電池の正極につながった陽極（最強の酸化剤《ざい》）で陰《いん》イオンや分子から電子を奪《うば》う反応を起こさせることです。この両者の関係は、前ページの図のようになります。

タイプ③ ラジカル反応

ラジカル反応とは、不対《ふつい》電子（ペアになっていないぽつんとした電子で、・で表すことが多い）をもった反応性が高いもの（これをラジカルといいます）が関与《かんよ》する反応です。紫外《しがい》線《せん》が当たったり、爆発《ばくはつ》や燃焼などのエネルギーが高かったりするときに起こります。

燃焼反応やフロンによるオゾン層の破壊《はかい》などがラジカル反応ですが、複雑なメカニズムをたどるため、高校化学ではくわしくあつかいません。ちなみに、火災時に消防

電気分解
電解質の水溶液《すいようえき》や融解《ゆうかい》した塩に外部から電気エネルギーを加えて酸化・還元《かんげん》反応を起こすこと。

士の放水で消火できるのは、水が蒸発するときにエネルギーを奪《うば》い取り、ラジカル反応が停止するからです。

高校化学では、タイプ❶の酸・塩基反応、タイプ❷の酸化・還元《かんげん》反応がメインになるので、この二つをしっかり理解しましょう。反応式を書くためには、それぞれの物質がこの二つのタイプのどちらの反応を起こせるかを覚えておく必要があります。

硫化《りゅうか》水素H_2Sと水酸化ナトリウム$NaOH$が登場したら酸・塩基反応（中和反応）、過マンガン酸カリウム$KMnO_4$の硫酸《りゅうさん》酸性水溶液《すいようえき》と過酸化水素水が出てきたら酸化・還《かん》元《げん》反応だと判断できるようになっておきましょう。そのためには、物質を覚えるときに、それが「酸か塩基のどちらなのか？（あるいは中性のもの）」「酸化剤《ざい》か還元剤《かんげんざい》か？（あるいはそのどちらでもない）」という二つのカテゴリーで覚えておく必要があります。

化学は物質を知る学問だ。だがそのねらいは、変化を学ぶことにある。成長や衰《おとろ》えも化学変化なんだ。

――**ウォルター・ホワイト**（アメリカのテレビドラマ「ブレイキング・バッド」の主人公で、高校の化学教師）

21 小さな変化が大きな変化をもたらす

前半＝化学基礎　後半＝化学

ここで、ナトリウムNaと塩素ガスCl_2を例に、化学反応と物質の変化について考察しましょう。ナトリウムはナイフで切れる軟《やわ》らかい金属で、水とふれると激しく反応して爆発《ばくはつ》します。一方、塩素ガスは黄緑色の気体で毒性の高いガスです。第1次世界大戦時、ドイツは世界ではじめてフランス・カナダ連合軍に対して大量の塩素ガスを毒ガスとして使い、1時間で6000人以上の死傷者を出したともいわれています。

ナトリウムと塩素がふれあうと、金属元素のナトリウム原子は陽イオンになりたがるので、電子を1個出してナトリウムイオンNa^+に、塩素原子は電子を1個奪《うば》い取って塩化物イオンCl^-になります。Na^+は周期表18族のネオンNeと同じ電子配置、Cl^-は18族のアルゴンArと同じ電子配置になります。反応は、次のようになります。

$$Na + \frac{1}{2}Cl_2 \xrightarrow{e^-} Na^+Cl^-$$

この反応では、Na原子からCl原子にたった1個の電子が移動しているだけですが、見た目の変化では、反応性の高い金属ナトリウムと毒ガスの塩素が反応して食塩（塩化ナトリウムNaCl）ができます。

このように、物質の世界では、電子がたった1個移動するといったごく小さな変化が、大きな変化を引き起こします。これが化学という学問のダイナミックさです。

ところで、人間の男性、女性の性を分けるのも、分子の仕事です。遺伝子というタンパク質の設計図によっていろいろなタンパク質がつくられ、そのタンパク質のあるものが工場のように働いて男性ホルモンと女性ホルモンが合成されます。

メジャーな男性ホルモンと女性ホルモンの分子の構造の違《ちが》いを見てみましょう。

ちなみに、こういった複雑な分子を、専門家や研究者は省略モデルで表します。エタノールの場合、メインの炭素原子どうしが結合した骨組み（炭素骨格）を折れ線で表

エタノールの分子

構造式　CH_3— CH_2— OH

省略形

小さな違いが大きな違いを生む

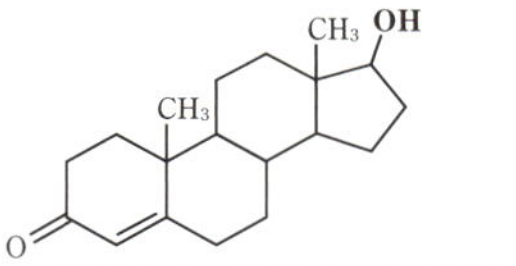

テストステロン（男性ホルモン）

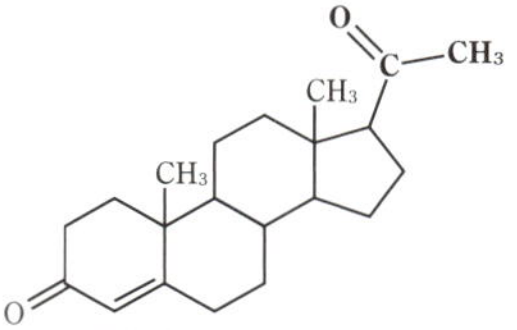

プロゲステロン（女性ホルモン）

し、炭素原子に結合した水素原子は省略することができます。エタノールの省略モデルは上図のようになります。

男性ホルモン類の一つであるテストステロンと、女性ホルモン類の一つであるプロゲステロンは、下図のようにヒドロキシ基-OHと、アセチル基CH_3CO-の違《ちが》いだけです。小さな違《ちが》いが大きな違《ちが》いを生むのが物質の世界なのです。

オサムのイチ押し

今日の北京で一匹《ぴき》の蝶《ちょう》が空気をかき混ぜれば翌月のニューヨークの嵐《あらし》が一変する。

――**ジェイムズ・グリック**（アメリカの科学作家。『カオス 新しい科学をつくる』などの作品がある）

第Ⅳ章

化学の勉強法、教えます

化学嫌《ぎら》いにならない方法だよ

22 まずは日本語の読解力を鍛《きた》えよう

化学　化学基礎

化学の勉強以前の問題として、試験で点をとれない人の多くが、問題文の読み取りでつまずいています。ずばり、〝日本語の読解力がない人〟になっているのです。英語など外国語の問題を除いて、入試の問題文は日本語です。日本語の読解力や国語力がないと、問題文を読んでも何を答えればいいのか理解できないのは当たり前です。

文章を読んで、並んだ文字の情報から語彙《ごい》を嚙《か》みくだき、問題の設定のなかで起こっている現象や実験などのイメージをしっかりつかむ能力が大切です。文章から映像的なイメージを構成するイメージ力、想像力が必要不可欠です。この能力が低い人は、どの教科も点数をとるのが難しいと断言していいでしょう。

以前、医学部志望の多浪《たろう》生で、どの科目も点数がとれない生徒がいました。聞けば、ほとんど本を読んだことがないし、本を読む習慣もないと言います。そのため、どの科目でも、問題文を読むこと自体が暗号解読のような作業になり、正解にたどり着くことができないばかりか、時間内に全問解けることもありませんでした。

そこで、毎日の電車通学の行き帰りに、ひたすら本を読んで読解力をつけることを提案しました。読むのは好きな本でいいこと、さらには「日本文学にもチャレンジしよう！」と言って、なぜか尾崎紅葉《おざきこうよう》の『金色夜叉《こんじきやしゃ》』まですすめたのを覚えています。そのかいあってか、彼《かれ》は無事、医学部に合格しました。

問題を解く作業は、問題文の正確な読み取りから始まります。2020年度から入試制度が大きく変わりますが、紙を媒体《ばいたい》にした筆記試験が続くことはまちがいありません。文章を読んで鉛筆《えんぴつ》で書いて答えていくという方式が大きく変わることはしばらくないでしょう。

ですから、日常生活で本を読む習慣、文章にふれる習慣、文章を書いて表現する力をつけることが大事なのです。

学生時代に文章作法の練習をすることが、研究者をめざす者にとって非常に重要です。よい研究を行っても、それを明確に表現して人に伝えることができなくては、科学者としての成功はないといえます。

——**トーマス・チェック**（アメリカの分子生物学者。リボザイムの発見で1989年ノーベル化学賞を受賞）

23 化学式は万国共通の言葉

化学　化学基礎

化学が苦手になる原因はいくつかありますが、多くの人がメタンCH_4などの化学式や物質の名称《めいしょう》、専門用語でつまずいているのではないでしょうか。
化学式は、イオンのでき方や分子のでき方といった原子どうしのつながり方で決まりますが、その理屈《りくつ》を習う前に、ある程度は覚える必要があります。

これはもう、慣れるしかありません。水はH_2O、都市ガス（天然ガス＝主成分はメタン）はCH_4、プロパンガス（プロパン）はC_3H_8というように、覚えるしかないのです。「こんなの覚えてどうするんだ！」と怒《おこ》る人もいるかと思いますが、じつは、覚えておけばとても役に立ちます。

たとえば、海外旅行先でけがをし、あまり着《き》替《が》えをもっていないのに白いTシャツに血がついたとします。でも、血のしみは過酸化水素水で落とすことができます。あるいは、不衛生な場所でけがをしたときも、消毒薬として過酸化水素水が必要になります。

こんなときは薬局に行って「H_2O_2」と書いた紙を渡《わた》せば、たちまち通じます。H_2O_2は過酸化水素の化学式ですから、薬局の人は過酸化水素水（濃度《のうど》3％のオキシドール）をすぐに出してくれるはずです。そう、化学式は国際的に通用する、万国共通の言葉なのです。

ただ、過酸化水素が薄《うす》い水溶液《すいようえき》かどうかを確認することが大切です。濃度《のうど》が6％以

上の過酸化水素水は劇物で、高い濃度《のうど》のものはロケットの燃料にもなります。肉をも溶《と》かす物質なので、注意する必要があります。

化学式以外に、物質の名称《めいしょう》も、化学嫌《ぎら》いの人を量産するようです。硫化《りゅうか》水素や酢酸《さくさん》のように漢字になっていればまだイメージしやすいですが、メタンとかメチル○○、ブタン、フェノールなど、カタカナの名称《めいしょう》になると「もうお手あげ！」という人が多いのではないでしょうか。ここで、いくつか名前の意味を考えてみましょう。

アルコールランプの燃料に使うメタノール CH_3OH（メチルアルコール、**methyl**《メトゥル》 **alco**《アルコ》**-hol**《ホル》）の **methy**《メティ》 はギリシア語で「酒（の精）」を意味し、**yl** はギリシア語の **hyle**《ヒューレー》（木材、物質、基材の意）を語源とする接尾語《せつびご》で、「～基」を表しています。アルコールは、アラビア語の **alkuhl**《アルクル》 が起源。**al**《アル》 は定冠詞《ていかんし》、**kuhl**《クフル》 は、もとはアイシャドー用の細かい粉末のことで、「さらさらしたエキス」という意味です。

amethyst《アメシスト》という宝石がありますが、ギリシア語の「**a**（ア）」は「～ない」という否定語（アトム、アスベスト、アモルファス、アスファルトなども同じ）で、「酒に酔《よ》わない」という意味になります。古代ローマの時代には、アメシストの入れ物でお酒を飲むと酔《よ》わないと信じられていました。

そして、メチルアルコールの名前から-CH_3がメチル基と名づけられ、メタンCH_4はmethyl《メトゥル》の語尾《ごび》を~ane《アン》にしてmethane《メタン》と名づけられたのです。物質の名称《めいしょう》は数千年にわたる錬金術《れんきんじゅつ》の長い歴史のなかで築かれてきたものですから、多種多様です。とくに、日本人にはなじみのないギリシア語やラテン語を語源とするものが圧倒《あっとう》的に多いですが、カタカナの名前はあきらめて覚えるしかありません。

ただ、語源をたどれば意味はわかります。よく耳にするcollagen《カーラジェン》（コラーゲン）の語源となるギリシア語はkolla《コーラ》（膠《にかわ》）で、gen《ジェン》は「~を生じるもの」という意味です。そこから派生したのが、gene《ジーン》（遺伝子）、generator《ジェネレイター》（発電機）、halogen《ハロジェン》（ハロゲン。塩を生じるもの）などの言葉です。colloid《コロイド》は、kolla《コーラ》+oid《オイド》（~のようなもの）で「膠《にかわ》もどき」「膠《にかわ》の類似物」という意味です。~oid《オイド》からは、android《アンドロイド》（人間もどき）、cardioid《カージオイド》（心臓形）などの造語が生まれています。

このように、物質の名称《めいしょう》の語源を探ると、さまざまなつながりがわかるので、英単語の語彙力《ごいりょく》アップも期待できます。

化学式を知っておけば国際的にも通じる！

24 現象や反応を自分の言葉に翻訳《ほんやく》しよう

化学基礎

ぼく自身、高校では化学ができなかったわけですが、化学の試験で点数がとれない人のほとんどが、「凝縮《ぎょうしゅく》」「拡散」「不斉《ふせい》炭素原子」などの専門用語をきちんと理解していません。

だから、教科書や参考書を読んでも何のことかさっぱりわからないし、問題文を読

不斉《ふせい》炭素原子
炭素原子は結合の手が４本あるが、その４本のどれにも異なる原子または原子団が結合している炭素のこと。不斉《ふせい》とは、そろっていないことを表している。

んでも暗号のように見えて、何をいっているのかわからないわけです。

こうして、ますます化学が嫌《きら》いになるという負のスパイラルに陥《おちい》っていきます。それでも無理に覚えようとすると、まさに修行僧《しゅぎょうそう》が行う荒行《あらぎょう》のようになってしまいます。

ですから、専門用語については、「○○（という専門用語）は〜っていうことを意味しているのね！」と自分の知っている言葉に翻訳《ほんやく》し、納得して理解することが、苦手意識をなくす第一歩です。

たとえば、物質の状態を考えるときには、温度がたくさん登場します。そもそも温度とは何でしょうか。ひと言でいうと、原子や分子の運動の激しさを数値化したものです。

低い温度とは、原子や分子などの粒子《りゅうし》がノロノロ動いている状態です。一方、高い温度とは、粒子《りゅうし》が激しく動きまわっている状態です。ヤカンや鍋《なべ》から上がる湯気が手にかかると、思わず「熱い！」と叫《さけ》んで手を引っこめますね。激しく動きまわっている水蒸気の分子が、皮膚《ひふ》のセンサーに鋭《するど》くあたって刺激《しげき》が強まり、熱く感じるのです。

物質の状態が、高い温度に向かって、固体→液体→気体へ変化していくことは、この温度＝粒子《りゅうし》の運動の激しさとリンクしています。

これをイメージでとらえてみましょう。小学生が授業中におとなしく座っているような状態が固体の状態です。休み時間になると動きまわれるので、友達のところへ移動したり、教室の中を動きまわったりするようになります。これが液体の状態です。さらに、昼休みになれば、より活発に校庭で走りまわるようになります。これが気体の状態です。

では、氷が溶《と》けたり、チョコレートがドロドロになったりするのはどういうことでしょうか。

固体が液体になるというのは、温度が上がって物質を構成する粒子《りゅうし》が激しく動くようになると、粒子《りゅうし》間に働いている引力では粒子《りゅうし》どうしをつなぎとめられなくなり、粒《りゅう》子《し》がバラバラに動きはじめるということです。このときの温度を、固体から液体になる「融点《ゆうてん》」といいます。

同じように、液体から気体になるのは、液体の中の粒子《りゅうし》どうしの引力をふりきって完全にバラバラになっていくときで、この温度を「沸点《ふってん》」といいます。

粒子《りゅうし》間に働いている引力と粒子《りゅうし》自身の運動の激しさの力関係で、物質ごとの融点《ゆうてん》や沸点《ふってん》が決まります。粒子《りゅうし》どうしが頑丈《がんじょう》につながっているものは、粒子《りゅうし》どうしをバラバラにするのに高い温度が必要になります。ですから、粒子《りゅうし》間の引力が大きいほど、融《ゆう》点《てん》や沸点《ふってん》は高くなります。

大学入試では、「物質を比較《ひかく》したときに、ある物質の融点《ゆうてん》や沸点《ふってん》はなぜ高くなるのか」という論述問題が多く出ますが、これに対する正答は、「その物質を構成している粒子《りゅうし》間の引力や結合力が強いため」です。

話は少しそれますが、原子や分子にとっては、27℃くらいでも、ある程度高い温度に相当します。その温度になると、コップの中の水H_2Oや、空気中の酸素O_2や窒素《ちっそ》N_2の分子は激しく動いています。ですが、マイナス196℃の低温では、原子や分子の動きはかなりスローになってきます。

低温になるほど原子や分子の運動エネルギーは小さくなり、運動エネルギーが小さくなるとスローな動きにしかならないのです。つまり、宇宙の絶対存在である原子の世界も、温度にともなうエネルギーの変化には逆らえないのです。

「ターミネーター2」(1991年公開)というSF映画に、さわったものに変身できる、液体金属でできたアンドロイドが出てきます。だれかにさわると、その人の複製のようになります。でも、すぐに液体になって鉄格子をすり抜《ぬ》けたりする、変幻《へんげん》自在の無敵の存在です。

それでも、マイナス196℃の液体窒素《ちっそ》を浴びると……。この先はネタバレになるので映画を見ていただきたいのですが、無敵のアンドロイドですら、構成要素である原子は熱力学的に定められた運命に逆らうことはできません。原子の熱的な運動は、無慈悲《むじひ》なまでに熱力学により支配されているのです。

このほか、化学でしょっちゅう登場する「塩酸 HCl や希硫酸《きりゅうさん》 H_2SO_4 と金属が反応して金属が溶《と》けた」という現象についても、ひと言で説明できるでしょうか。

金属元素は電子を出したがっているグループです。この金属に、電子を奪《うば》いたがっている酸化剤《ざい》が接触《せっしょく》したらどうなるでしょう。

金属は電子を出して、酸化剤《ざい》が受け取っていきます。金属は電子を出すと陽イオンになり、陽イオンは塩酸や希硫酸《きりゅうさん》などにふくまれる水分子と結合して水中に泳ぎだしていきます。ですから、金属が溶《と》けたというのは、「金属の自由電子が奪《うば》い取られて陽イオンになった」ということです。

このように、化学の現象や反応について、自分の言葉で一つひとつていねいに理解していくことの積み重ねが、化学に強くなる王道といえます。もちろん、英語や数学、歴史や地理の勉強も同じです。いろいろな概念《がいねん》や発想、決まりごとを噛《か》みくだいて、自分の言葉に翻訳《ほんやく》していく作業のくりかえしなのです。

教わって覚えたものは浅いけれど、自分で苦しんで考えたことは深いんですよ。

——**早川徳次《とくじ》**（実業家・発明家。シャープ創業者）

25 大きな流れをとらえる(1)

化学基礎

化学にかぎらず、ほかの科目の勉強においても、大きな流れをとらえることがとても重要です。まず、ざっくりと全体像を大きな枠《わく》でとらえ、そこから細かいところにズームしていくわけです。

たとえば、あなたが日本をはじめて旅行する外国人のツーリストだとしましょう。いきなり秋葉原のアイドルカフェや京都のラーメン店などをピンポイントで覚えても、東京や京都の地図が頭に入っていないと駅の乗り換《か》えでまごついて、スムーズにたどり着けませんね。

でも、化学の勉強になると、「木を見て森を見ず」的な勉強をする人が多いのです。たとえば、教科書では最初に、化学結合とか結晶《けっしょう》という分野で固体のでき方を勉強し

結晶《けっしょう》
原子や分子などの粒子《りゅうし》が規則正しく並んでできた固体。

ますが、ここでもまず、話の流れを大きくとらえる必要があります。

①金属元素どうし——金属結合でつながって金属結晶《けっしょう》ができる

②金属元素と非金属元素——イオン結合でつながってイオン結晶《けっしょう》ができる

③非金属元素どうし——共有結合でつながって二つのタイプの結晶《けっしょう》ができる

出発点は、その物質を構成している元素が金属元素か非金属元素かです。

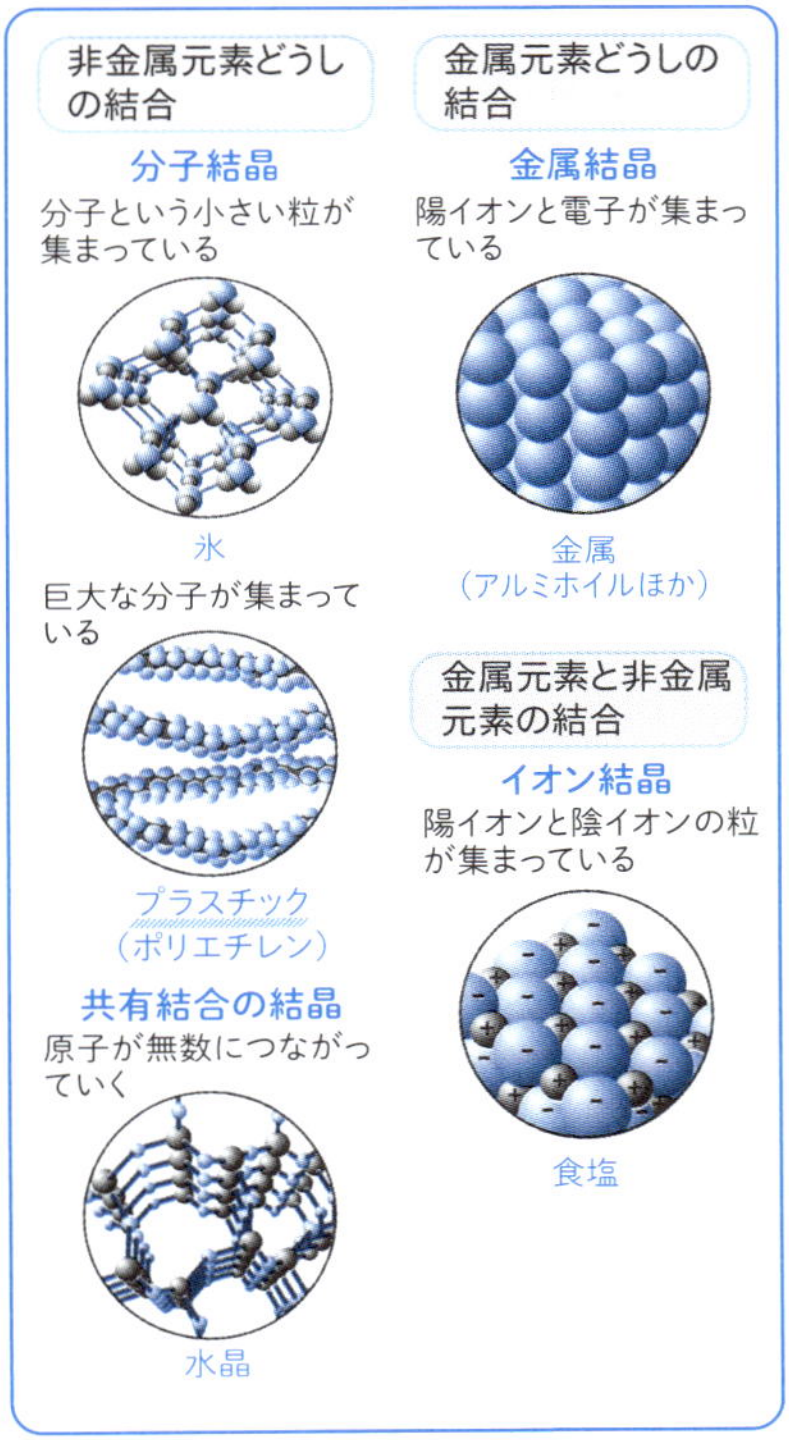

そして、③の共有結合でつながってできる結晶《けっしょう》には、次の二つのタイプがあります。

(i)水H_2Oや二酸化炭素CO_2などの小さい分子が、分子間の引力で集ま

プラスチック

プラスチックは巨大《きょだい》な分子がランダムに並んでいることが多く、このような固体を非晶質《ひしょうしつ》（アモルファス）という。

って分子結晶《けっしょう》になっていくタイプ（分子結晶《けっしょう》）。

(ii)ダイヤモンド**C**やケイ素**Si**の単体、水晶《すいしょう》や石英の成分である二酸化ケイ素SiO_2のように、多数の原子が共有結合でがんじがらめにつながってできるタイプ（共有結合の結晶《けっしょう》）。

この大きなフレームをとらえないで、ひたすら個別の物質を覚えようとする人がいます。

その結果、二酸化炭素CO_2も水晶《すいしょう》SiO_2も、小さい分子からなる物質だという誤った覚え方をしたり、金属やイオンを無視して、すべて分子からできていると覚えてしまったりするのです。

大きな流れをとらえる見本として、2000年度のセンター試験の化学の問題もなかなか練られています。問題文中の「1**atm**《アトム》」とは1気圧（1013**hPa**《ヘクトパスカル》）のことです。

【問】蒸気圧降下、沸点上昇《ふってんじょうしょう》、凝固点《ぎょうこてん》降下、浸透圧《しんとうあつ》の**いずれにも関連しない記述**を、

水晶《すいしょう》・石英

水晶《すいしょう》は二酸化ケイ素SiO_2が自然に成長してできた美しい結晶《けっしょう》。石英は広い意味でSiO_2の結晶《けっしょう》。地球（地殻《ちかく》）の約60%はSiO_2で形成されているといわれる。

次の①～⑤のうちから一つ選べ。
①食塩水は、純水よりも凍《こお》りにくい。
②気圧が1atm《アトム》より低いと、純水は100℃よりも低い温度で沸騰《ふっとう》する。
③食塩水は、純水よりも水分子が蒸発しにくい。
④コロイド溶液《ようえき》と純水をセロハン膜《まく》で隔《へだ》てると、コロイド溶液《ようえき》の濃度《のうど》は徐々《じょじょ》に低くなる。
⑤食塩水は、気圧が1atm《アトム》では100℃よりも高い温度で沸騰《ふっとう》する。

細かい現象に入る前に、話の大前提に気を配っているかを鋭《するど》く突《つ》いた問題です。①の凝固点《ぎょうこてん》降下（濃《こ》い溶液《ようえき》ほど溶媒《ようばい》＝水が凝固《ぎょうこ》しにくい）、③の蒸気圧降下（濃《こ》い溶液《ようえき》ほど溶媒《ようばい》＝水は蒸発しにくい）、④の浸透圧《しんとうあつ》（半透膜《はんとうまく》を通って濃《こ》い溶液《ようえき》のほうに向かって溶媒《ようばい》＝水が移動する）、⑤の沸点上昇《ふってんじょうしょう》（濃《こ》い溶液《ようえき》ほど溶媒《ようばい》＝水は蒸発しにくくなる）はそれぞれ、液体に少量の溶質《ようしつ》（物質）が溶《と》けている希薄溶液《きはくようえき》の現象です。つまり、話の前提は「溶液《ようえき》」なのです。

ところが、②は何も溶《と》けていない純粋《じゅんすい》な水の話ですから、溶液《ようえき》とはまったく異なる現象です。純水は溶液《ようえき》ではないので、凝固点《ぎょうこてん》降下や浸透圧《しんとうあつ》などの溶液《ようえき》の現象はあてはまりません。ですから、正解は②です。

圧力が低くなると、沸点《ふってん》は下がるという現象です。大気圧が低いと、沸点《ふってん》が下がって低い温度で沸騰《ふっとう》するようになります。エベレストや富士山などの高い山の頂上では大気圧が低く、低い温度で沸騰《ふっとう》するため、ご飯をおいしく炊《た》くことはできません。

このように、化学の現象や反応など、さまざまな分野を理解するには、まず、この話は何が前提となっているのか、ということから流れをとらえていく必要があります。

「木を見て森を見ず」ではなく、大きな流れをつかんでから細かい話に入る。

26 大きな流れをとらえる(2)

同様に、多くの受験生が苦手意識をもつものに、反応速度と平衡《へいこう》の分野があります。

話の前提がないまま、いきなり、$v=k[A]$とか、$K=[C]^c[D]^d／[A]^a[B]^b$といった反応速度式や平衡《へいこう》定数の式が羅列《られつ》されるため、ハードルが高すぎるのです。

この高いハードルを越《こ》えて計算をがんばっている人でも、反応速度vとか平衡《へいこう》定数Kの計算はできるけれど、「何をやっているのか、ちょっと意味がわからない」という人が多く、本末転倒《ほんまつてんとう》といった状態です。

この分野は何をやっているのかというと、可逆反応を見るときの二つの視点を勉強するわけです。一つは、「その反応がどのくらい速く進むのか」であり、これが反応速度です。もう一つは、「その反応がどこまで進むのか、どのくらいの量ができてくるの

可逆反応
両矢印⇄で表された反応で、見かけ上、反応がとまった状態である平衡《へいこう》状態に向かう反応のこと。一方向だけに進む反応は、不可逆反応という。

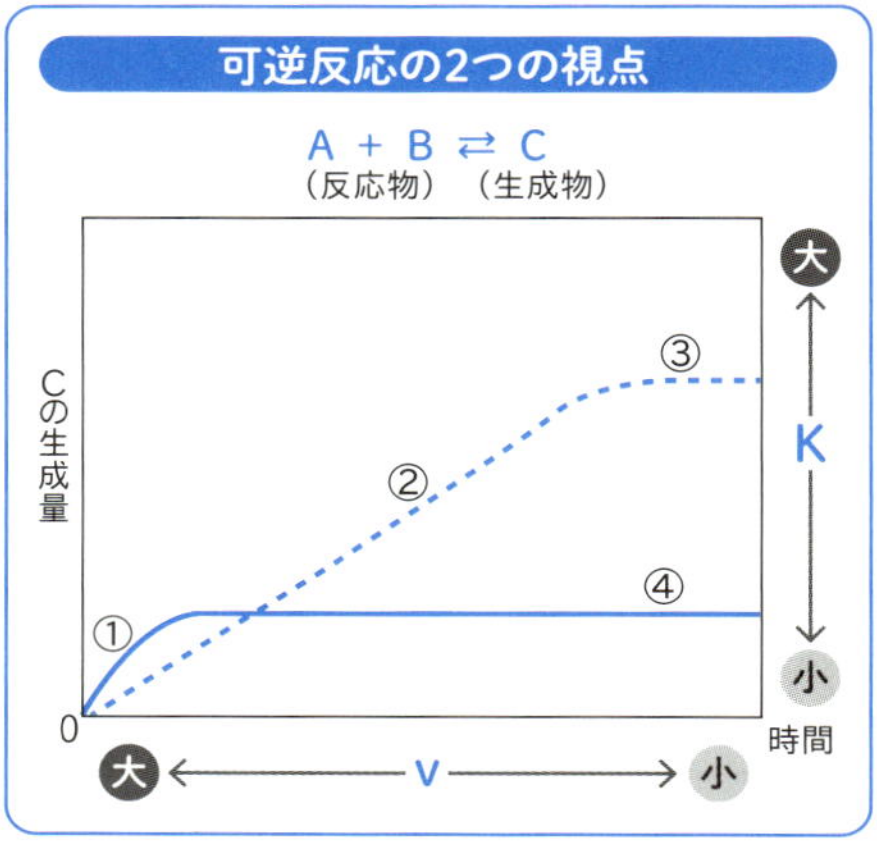

か」という視点であり、これが化学平衡《へいこう》です。

横軸《じく》に時間をとり、縦軸《じく》に生成物の量をとったグラフがあると、横のスクロールは反応速度vで決まります。反応速度vが大きいとグラフの傾《かたむ》きは大きくなり（①）、急な立ち上がりに向かいます。vが小さい反応は傾《かたむ》きが小さくなります（②）。縦のスクロールは平衡《へいこう》定数Kの値で決まります。Kの値が大きくなると、生成物がたくさんできてから平衡《へいこう》状態になり（③）、Kが小さい値では生成物があまりできないまま平衡《へいこう》状態になります（④）。

この二つの視点をしっかり見ていくことが、正しい理解につながるのです。ちなみに、工業的にはなるべく速く反応させて平衡《へいこう》状態にもちこみたいので、触媒《しょくばい》という物質を入れて反応速度を大きくします。

反応速度と平衡《へいこう》は、化学反応を見るときの大事な視点だといえます。それぞれの視点について、反応を明らかにする定量化のための計算式が出てきますから、それらをしっかりとマスターすればいいのです。

分野やテーマごとに「何をやっているのか?」を明確にしよう!

27 あやふやに覚えると大惨事《だいさんじ》を招く!

化学　化学基礎

長年、予備校で教えてきた経験からいうと、化学の勉強は、あやふやな知識をいくら増やしても、点数には結びつきません。それどころか、あやふやな知識を増やすと、まぎらわしい語句や名称《めいしょう》で足をすくわれます。

たとえば、「フタル酸」と「フマル酸」、「イオン化エネルギー」と「イオン化傾向《けいこう》」（P120参照）といったまぎらわしい語句が、化学にはたくさん存在します。これらは、〝ネットはいしん（配信）〟と〝ネットはいじん（廃人《はいじん》）〟くらい、まったく違《ちが》うものなのです。

たとえば、フッ素F_2のガスは、水H_2Oと激しく反応します。フッ素は電子を奪《うば》い取る力（酸化力）が最強なので、水分子H_2OのO原子がもっている電子を奪《うば》い取ってフッ化物イオンF^-になろうとします。これは「ドラえもん」でいえば、凶暴《きょうぼう》化したジャイアンがのび太くんからドラえもんの道具をまきあげているような感じです。

この反応でできたF^-は、ジャイアンが道具をもってニコニコしている状態です。つまり、F_2が凶暴《きょうぼう》なジャイアンなら、F^-はニコニコしたジャイアンですから、性格がまったく違《ちが》います。マイルドなF^-は、もう水とは反応しなくなります。

ところが、「フッ素やFのイオンなど、Fがついたものは何でも水と激しく反応する」といいかげんに覚えていると、「フッ素F_2が水と激しく反応するから、F^-も激しく

イオン化傾向《けいこう》

水中または水溶液《すいようえき》中で、金属の単体が電子を出して陽イオンになるときのなりやすさ。

水と反応するはずだ」というまちがった結論にたどり着きかねません。

酢酸《さくさん》CH_3COOHと酢酸《さくさん》イオンCH_3COO^-もまったく違《ちが》います。酢酸《さくさん》は水素イオンH^+を出すピッチャー、酢酸《さくさん》イオンはH^+を受け取るキャッチャーで、正反対のキャラクターです。酢酸《さくさん》は水に溶《と》かすと酸性、酢酸《さくさん》イオンの入った酢酸《さくさん》ナトリウムCH_3COONaは水に溶《と》かすとアルカリ性になります。

「どっちも酢酸《さくさん》という漢字が入っているから酸性だ」と大ざっぱに覚えていると、試験で大惨事《だいさんじ》になります。センター試験の正誤判定問題は、そこを突《つ》いてきます。

では、「エタノールは水酸化ナトリウムと反応して気体を発生する」という文章は、正誤どちらでしょうか。

エタノールはC_2H_5OHで中性の物質ですから、水酸化ナトリウム$NaOH$とは中和しません。つまり、反応は起こらないのです。したがって、この問題は「誤り」が正解です。

一方、ヒドロキシ基-OHをもつものは、金属単体のNa、つまりナトリウムという金属固体と反応して水素ガスH_2を発生します。ナトリウムという金属の単体と、水酸化ナトリウムNaOHという化合物では、「ニンジン」と「エンジン」くらいにまったく違《ちが》うものですから、細かい差異に気を配って覚えなければなりません。

ほかにも、いいかげんに覚えてまちがえる定番のテーマとして、濃硫酸《のうりゅうさん》と希硫酸《きりゅうさん》の違《ちが》いがあります。「濃《こ》いやつと薄《うす》いやつ」といった覚え方をしている人が多いのですが、まったく違《ちが》います。

濃硝酸《のうしょうさん》と希硝酸《きしょうさん》は、「濃《こ》いやつと薄《うす》いやつ」でOKですが、濃硫酸《のうりゅうさん》は濃度《のうど》98%で水がほとんどないので、濃硫酸《のうりゅうさん》のビンに入っている液体は硫酸《りゅうさん》H_2SO_4の分子そのものであり、硫酸《りゅうさん》の分子からできた液体といえます。

ですから、濃硫酸《のうりゅうさん》という硫酸《りゅうさん》の液体と、水が入って薄《うす》まっている希硫酸《きりゅうさん》はまったく性質が違《ちが》う別物なのです。ホイップクリームと、ホイップクリームを水に溶《と》かしたものくらい違《ちが》います。

希硫酸《きりゅうさん》は水があるので、硫酸《りゅうさん》の分子H_2SO_4が電離《でんり》した状態にあります。濃硫酸《のうりゅうさん》には

酸化力、脱水《だっすい》作用、吸湿《きゅうしつ》性などがありますが、希《き》硫酸《りゅうさん》にはそういった性質がありません。では、

①「銅Cuに濃硫酸《のうりゅうさん》を加えて加熱した」

②「亜鉛《あえん》Znに希《き》硫酸《りゅうさん》を加えた」

という反応では、それぞれ気体として何が発生するでしょうか。

「どちらも水素が発生する！」と答えているようでは、化学の成績を伸《の》ばすことはできません。この二つは、メカニズムがまったく異なる反応なのです。

①と②はいずれも金属の単体が反応しているので、金属単体が電子を出して陽イオンになる反応であり、銅や亜鉛《あえん》は還元剤《かんげんざい》なのです。ということは、酸化・還元《かんげん》反応が起こります。

酸化剤《ざい》を探すと、①では加熱された濃硫酸《のうりゅうさん》（これを熱濃硫酸《ねつのうりゅうさん》と呼びます）が酸化剤《ざい》です。このとき、酸化剤《ざい》の硫酸《りゅうさん》H_2SO_4は銅Cuから電子を奪《うば》い取り、自身は二酸化硫黄《いおう》SO_2のガスになります。ですから、水素ガスH_2は発生しません。

一方、②の反応では、希硫酸《きりゅうさん》、つまり水素イオンH^+と硫酸《りゅうさん》イオンSO_4^{2-}に電離《でんり》している状態の水溶液《すいようえき》での水素イオンH^+が酸化剤《ざい》になり、水素H_2が発生します。

原子や分子という小さな世界をあつかう化学は、細かいところ、細かな違《ちが》いが大事なのです。原子はけた外れに小さいものなのですから。

神は細部に宿る。

——ミース・ファン・デル・ローエ（ドイツの建築家）

28 こんなタイプは苦労する

入学試験で苦労するタイプには二つあります。一つは、せっかちな人で、もう一つは、突《つ》きつめすぎる人です。

せっかちな人は、問題文をしっかり読み取らず、早とちりして自爆《じばく》するケースが多いようです。たとえば、電池の問題で、「充電《じゅうでん》」の反応を聞かれているのに「放電」の反応を答えたり、「直鎖《ちょくさ》構造のものを考える」という指定があるのに「枝分かれ型構造」を考えたり……。

こういう人は、問題文をじっくり読むトレーニングが必要です。問題文のなかのキーワードを四角で囲んだり、波線を引いたりして、読み飛ばしや思いこみを防ぐやり方をしっかり定着させましょう。

次に、突《つ》きつめすぎる人ですが、研究者としては突《つ》きつめて考えるのは最高ですが、受験生の場合、突《つ》きつめすぎる人は点数をとれないのが実情です。

必要な科目への時間配分を考えると、化学の細かいテーマに時間を大きくさける人はそう多くないはずです。

たとえば、銅イオンCu^{2+}と亜鉛《あえん》イオンZn^{2+}では、銅イオンがつくる錯《さく》イオンは正方形になるのに対して、亜鉛《あえん》イオンがつくる錯《さく》イオンは正四面体形になります。こう

いった錯《さく》イオンの形は、M殻《かく》のd軌道《きどう》という電子の入れ物を考慮《こうりょ》した結晶場《けっしょうば》理論などの量子力学的な高度な理論が必要になり、大学で習うテーマです。

ですから、ある程度できあいのもので我慢《がまん》するしかありません。

また、最初からマニアックな方向に向かうのも考えものです。高校化学の原子の電子配置のところで、内側の電子殻《かく》K殻《かく》からL殻《かく》→M殻《かく》→N殻《かく》の順番に電子が入るというのをタンバリンのような図で習いますが、実際には、電子はもっと細かい電子軌道《きどう》に入っていきます。

さらに、この電子軌道《きどう》はシュレーディンガーの波動方程式という素粒子《そりゅうし》の運動に関する方程式で決まりますが、高校化学ではシュレーディンガーの方程式を突《つ》きつめる必要はありません。実際、シュレーディンガーの方程式は知っているけれども、「センター試験の化学は50点しかとれなかった」という人もいました。

高校で習う化学は「お子様ランチ」のようなものであり、デフォルメされたもので、化学という学問の本質はもっと深いところにあるのです。

電子軌道《きどう》
電子が入っていく細かい入れ物のようなもので、s軌道《きどう》、p軌道《きどう》、d軌道《きどう》などがある。

たとえば、教科書的には鉄のイオン Fe^{3+} の水溶液《すいようえき》は黄褐色《おうかっしょく》だと習いますが、これは Fe^{3+} の水溶液《すいようえき》中で生じている $[Fe(H_2O)_6]^{3+}$ が反応して $[Fe(OH)(H_2O)_5]^{2+}$ という錯《さく》イオンになったときの色です。特殊《とくしゅ》な条件で $[Fe(H_2O)_6]^{3+}$ にすると、淡紫色《たんししょく》になりますが、通常の条件であれば、Fe^{3+} は黄褐色《おうかっしょく》の水溶液《すいようえき》になります。

ですから、「Fe^{3+} の水溶液《すいようえき》が黄褐色《おうかっしょく》なんていうのはウソだ！」と声高に叫《さけ》んでも、それはおもちゃ屋さんに置いてある「シルバニアファミリー」のお家のセットを見て、「これは建築基準法を満たしていないじゃないか！」と怒《おこ》るのと同じです。

とくに大学受験においては、一つのものを突《つ》きつめすぎると、苦手分野やほかの科目がおろそかになり、結果として合格に結びつかない自己満足に陥《おちい》りやすくなります。「究極の本質」ではなく、「お子様ランチ」だというバランス感覚が大切なのです。

道にこだわりすぎるものは、かえって道を見失う。

——**安部公房《こうぼう》**（小説家・劇作家。『砂の女』などの作品がある）

29 イメージで理解しよう

化学基礎

自分の言葉で解釈《かいしゃく》するというのは、頭の中でイメージをつくって理解するということです。頭の中に、マンガやアニメーションのようなイメージを描《えが》いてみるのです。

たとえば、金属の反応性について、「イオン化傾向《けいこう》」とか「イオン化列」が出てきます。イオン化傾向《けいこう》では、電子を出して陽イオンになりやすいリチウムLiが頂点にきます。白金《はっきん》（プラチナ）Ptと金Auは電子を出しにくく、格別に陽イオンになりづらい金属ですから、永遠に金属のまま輝《かがや》き、価値のある貴金属になります。

イオン化傾向《けいこう》のイメージは、次ページのイラストのようになります。原子を陽イオンと電子のカップルと見なすと、カリウムKの原子のように、イオン化傾向《けいこう》が大きく陽イオンになりやすい金属は、すぐにケンカ別れして電子を出そうとします。つまり、

イオン化列

イオン化傾向《けいこう》の大きさの順に並べた序列を「イオン化列」という。

大 ←――― イオン化傾向 ―――→ 小

Li K Ca Na Mg Al Zn Fe Ni Sn Pb (H_2) Cu Hg Ag Pt Au

【語呂合わせ】リッチに (Li) 貸そう (K) か (Ca) な (Na)、ま (Mg) あ (Al) あ (Zn) て (Fe) に (Ni) すん (Sn) な (Pb)、ひ (H_2) ど (Cu) す (Hg) ぎ (Ag) るしゃっ (Pt) きん (Au)。

＊水素は金属ではないが、陽イオンになることができる物質であるため、イオン化列に入るとすればこの位置だということで示してあります。

陽イオンと電子の相性が悪いのです。

イオン化傾向《けいこう》がだんだん小さくなってくると、陽イオンと電子の相性がよくなってきて、電子を出しづらくなります。

白金《はっきん》Ptや金Auになると、電子と陽イオンは相性がよくなってイチャイチャし、陽イオンになりづらくなります。

この相性のイメージでとらえればいいのです。

このイオン化傾向《けいこう》をもとに並べた金属のイオン化列を、一般《いっぱん》にいわれている語呂《ごろ》合わせもあわせて、上にあげておきます。

ただ、この語呂《ごろ》合わせで覚えて、満足しないようにしましょう。これでは、せっかくスマートフォンを買ったのに、見て、ちょっとさわって、眺《なが》めておしまいみたいなものだからです。要は、使いこなすことが大事なのです。

さらに、少し大学レベルの化学の話になりますが、もっと本質的なイメージがあります。イオン化傾向《けいこう》の本質は、それぞれの金属によって電子の出しやすさに違《ちが》いがあるということですから、その電子の出しやすさを水面の高さにたとえてみるのです。

次ページの図のように、ちょうど同じような多数の容器に水を入れたものがあって、その水の高さ（＝水位）が違《ちが》うものがたくさんあるというイメージです。

たとえば、水素H_2が電子を出す勢いを0の基準点にすると、次ページの図の右のように、カリウム**K**は非常に水位が高いので、もし下に穴を開ければ激しく水が飛び出してくるでしょう。イオン化傾向《けいこう》がだんだん小さくなると、水位が下がってきて、銅**Cu**や銀**Ag**になると、今度は基準点の水素H_2より低い水位になります。

このように、水を流し出す勢い（潜在《せんざい》能力）に違《ちが》いがあるようなイメージです。

では、水位が異なる二つの容器をパイプでつなぐと、どうなるでしょうか。亜鉛《あえん》**Zn**

電子の出しやすさを水の流れにたとえると……

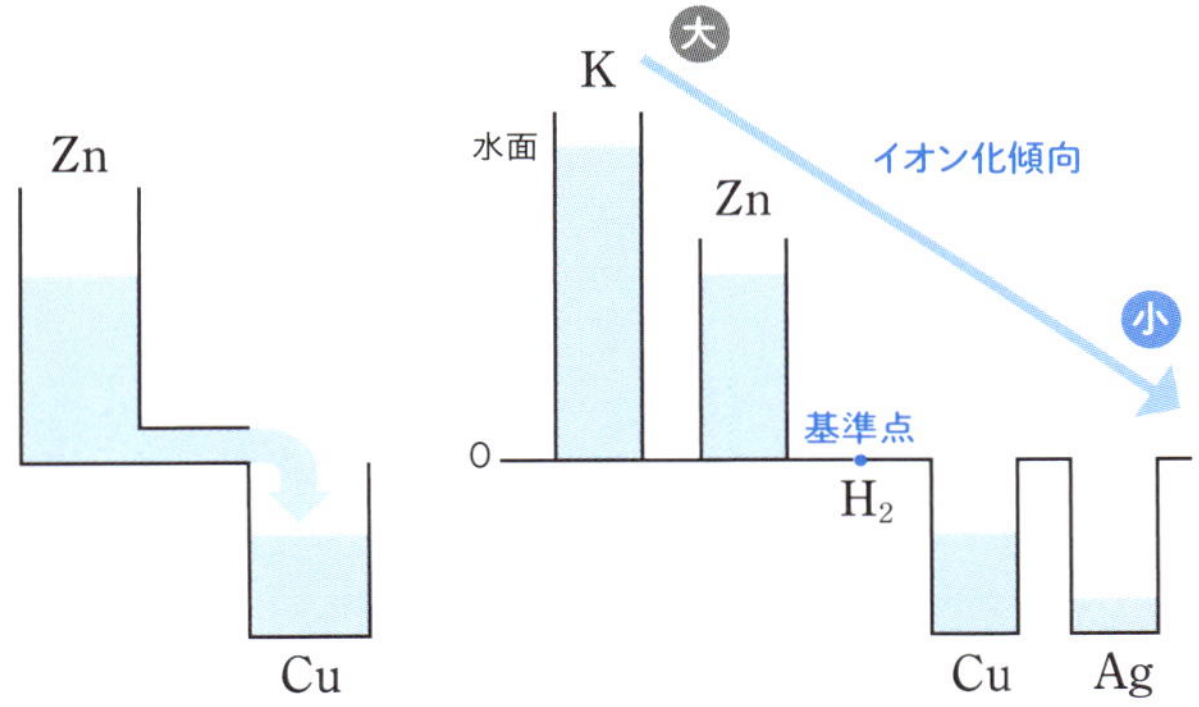

と銅Cuをパイプでつなぐと、上の図の左のイメージになり、水位の高いほうから低いほうに水が流れるように電子が流れます。

異なる金属を導線で結び、金属をイオンの水溶液《すいようえき》に浸《ひた》せば、異なる金属のあいだで電子の流れが発生し、導線中は電子、水溶液《すいようえき》中はイオンが移動して電気の一周の流れが生じます。水位の高さの違《ちが》いで水の流れる勢いが決まるのと同じように、2種類の金属のあいだで電子が流れる勢い、起電力が決まります。

金属ごとの電子を出そうとする潜在《せんざい》能力を、水素H_2を0の基準として実験して測定したものを「標準電極電位」といいますが、こ

起電力

電池において、二つの極板のあいだに生じる、電子を流す勢い。

れは大学で習うテーマです。

理科の実験によく登場する、レモンに銅板と亜鉛《あえん》板を差しこむと電池になるのは、亜鉛《あえん》Znのほうが電子を出して、銅Cuのほうに流そうとする力が生じることが一つの原因になります。

高校化学では、イオン化傾向《けいこう》は「暗記して反応式を書くときに使って、ハイ、おしまい」となりますが、このイオン化傾向《けいこう》から学ばなければならないのは、二つの金属が接触《せっしょく》すると片方が錆《さ》びていくということです。

水道のパイプでも建築物でも、鉄のパイプとステンレス（鉄・クロム・ニッケルの合金）のパイプをつなぐと、異なる金属のあいだではイオン化傾向《けいこう》によって金属ごとの電位が異なるため、一種の電池ができてしまい、イオンになりやすい鉄のほうが錆《さ》びてしまうのです。ロケットや建造物などをつくるときに、こうした物質の特性を知っておかないと大惨事《だいさんじ》を引き起こすことになります。

イオン化傾向《けいこう》ひとつとっても、私たちの社会に非常に重要な知識ですが、高校ではこういった役に立つ化学にまで昇華《しょうか》されていません。ただ知識の羅列《られつ》、暗記に終わっているのが悲しい現実です。

どこをとってみても、化学者の研究はわれわれの文明レベルを高めてくれた。

——カルビン・クーリッジ（第30代アメリカ大統領）

30 人類の歴史は化学とともに変わってきた

化学基礎

このイオン化傾向《けいこう》から、金属の陽イオンを金属にもどす（金属へ還元《かんげん》する）ときのもどしやすさも決まります。

イオン化傾向《けいこう》が小さい（電子と相性がいい）銀AgのイオンAg^+や銅CuのイオンCu^{2+}は比《ひ》較《かく》的簡単に電子を受け取って金属単体にもどるのに対して、鉄FeのイオンFe^{2+}

やアルミニウムAlのイオンAl^{3+}のようにイオン化傾向《けいこう》が大きいものになると、電子と相性が悪くなっていくので電子を受け取りにくくなります。

人類が金属を利用してきた歴史は、これと大きく関係しています。もともと、ほとんどの金属元素が、金属イオンとして鉱物や鉱石にふくまれています。古代は技術が未発達でしたから、イオンになっていない、金属単体の形をとっている金Auを掘《ほ》り出して利用していました。古代エジプトのツタンカーメンのマスクなどがその例です。

やがて技術が登場します。炭と一緒《いっしょ》に加熱すると、水銀HgのイオンHg^{2+}や、銅CuのイオンCu^{2+}などは簡単に電子を受け取って金属単体になるので、歴史のなかでは、まず銅Cuを取り出して青銅器時代が始まったのです。

鉄鉱石のなかのイオンFe^{3+}は、さらに電子と相性が悪いので、電子を受け取りにくく、鉄が溶《と》ける温度も1500℃付近のため、製鉄には高温が必要でした。やがて、ふいごが発明され、酸素を濃《こ》くして高温が得られるようになると製鉄が可能になり、鉄器時代が始まりました。

さらに、Al^{3+}になると、もっと電子と相性が悪く、炭などとともに加熱しても電子を受け取りません。そこで、19世紀末頃《ごろ》から電気分解を使うようになります。電気分解の陰極《いんきょく》は激しく電子を出してくるので、そこでAl^{3+}に電子を受け取らせるのです。

こうした手法で、イオン化傾向《けいこう》が大きく、電子を受け取りづらいラスボス（最後に立ちはだかる最強の存在）的なマグネシウムMgのイオンMg^{2+}や、ナトリウムNaのイオンNa^{+}などに電子を押《お》しつけて、マグネシウム合金やナトリウムなどを利用できるようになったのです。

このように、化学は人類の歴史に大きな影響《えいきょう》を与《あた》えてきました。石器時代、青銅器時代、鉄器時代、現代のプラスチックの時代と、化学者が新しい素材を発明するたびに世の中が大きく変わってきたのです。

何かを創造し、組み立てていく。化学は科学であり、芸術である。

——ジャン＝マリー・レーン（フランスの超《ちょう》分子化学者。1987年ノーベル化学賞を受賞）

31 もっと本物の物質に慣れ親しもう

化学は物質に関する学問ですから、高校化学の勉強で大切なのは本物の物質に親しむことであり、「習うより慣れろ！」ということです。

水酸化ナトリウムがNaOHで表されることは多くの人が知っているだろうと思いますが、これが米粒《こめつぶ》を少し大きくしたような白色の固体だということを知っている人はあまりいないでしょう。

これでは本末転倒《ほんまつてんとう》といえます。化学の勉強としては、小さなフレーク状の白色の結晶《けっしょう》の本物を見てから、これが水酸化ナトリウムという物質で、化学式で表すとNaOHだとなるのが本来の流れです。化学は、「まず物質が先にありき」なのです。

多くの人が、「暗記が多くて嫌《きら》い」と言う無機化学ですが、ぼくが授業で演示実験をしたり、家庭教師のような個人指導で机の上で直《じか》に実験したりして、水酸化鉄（Ⅲ）$Fe(OH)_3$とかクロム酸銀（Ⅰ）Ag_2CrO_4などの赤褐色《せきかっしょく》の沈殿《ちんでん》をライブでつくると、だれもが目をキラキラさせて「一発で覚えました！」と感動してくれます。

これが、本物のもつ魔力《まりょく》であり、〝百見《ひゃっけん》は一触《いっしょく》にしかず〟なのです。

高校生は、学校に実験室という本物にふれることができる最強の場所があるのですから、先生に頼《たの》んで、機会があるごとに本物の物質をいろいろと見せてもらうようにしましょう。

まだ本格的な受験勉強に突入《とつにゅう》していない中学生や高校生なら、たくさん時間があると思いますから、休日に科学系の博物館に行ってみるのもいいでしょう。周期表に沿って単体が展示されていたり、化学工業の説明があったり、鉄鉱石や黄銅鉱など本物の鉱物がたくさん展示されていたりして、本物の勉強ができます。

時間がなかなかとりにくい受験生は、副教材としてもっている人も多いカラーの資料集を活用するといいでしょう。コーヒーを飲み、ビスケットをつまみながらのゆる

ーい感じでいいので、いろいろな化合物や金属、沈殿《ちんでん》の色、実験装置の写真などを見て、まずは物質に慣れていきましょう。

本物の物質に慣れ親しむことが、化学の出発点です。理想は、自分で実験することです。たとえば、ペットボトルに水を入れて、あとからオリーブオイルを入れると、オリーブオイルが浮《う》かびます。何度シャッフルしても、必ず水の上にオリーブオイルが浮《う》かんできます。

こうして本物にふれていけば、水にジエチルエーテル溶液《ようえき》を加えたら、ジエチルエーテルが上の層、水が下の層、という似たようなものもすぐに覚えられるはずです。

とにかく、化学を得意にするために必要なのは、物質への愛です。「これは何という物質でできているのだろう？」という、日常生活での問いかけが原点なのです。

科学と日常生活は分けることはできないし、分けるべきではありません。

——**ロザリンド・フランクリン**（イギリスの物理化学者。ＤＮＡのらせん構造の発見に貢献《こうけん》）

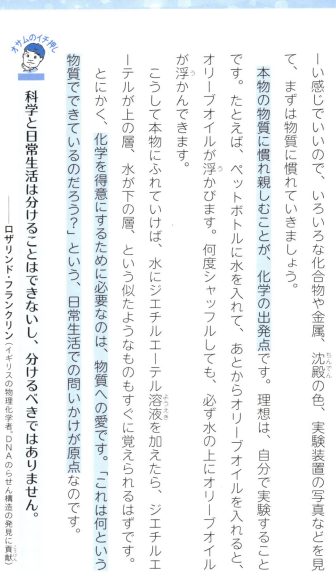

第V章

大宮流・高校化学の攻略レシピ

日常生活に結びつけると
理解しやすいよ

化学基礎

32 なぜ、モルで計算をするのか

化学では、物質量（単位はmol《モル》）という量を中心に計算しますが、この計算でつまずく人が多いのが実情です。

原子や分子は非常に小さい粒々《つぶつぶ》ですから、一つずつ数えるのは不可能です。これは、お米屋さんで売られている大きな米袋《こめぶくろ》の中のお米を数えるようなものです。

日本人は昔から、お米や小豆《あずき》を数えるとき、升《ます》に入れて1杯《ぱい》、2杯《はい》と数え、升《ます》1杯《ぱい》分を「一合」としたのです。つまり、小さい粒《つぶ》を数えるときは、決まった入れ物を用意して、この入れ物で何杯《ばい》かという発想で数えるわけです。

この「まとまりで数える」という発想を化学で表したのが、物質量にあたります。

原子や分子などの粒々《つぶつぶ》を、6.0×10^{23}（これをアボガドロ数といいます）、つまり6のあ

アボガドロ数

アボガドロ数は本来、6.02×10^{23}で表すが、計算を簡単にするため、6.0×10^{23}を用いることも多い。

とに0が23回くるような、とてつもない数を集めた「1杯《ぱい》」を「1**mol**」とするのです。**mol**は、ラテン語の**moles**《モーレス》＋**cule**《クーレ》（ひとかたまり、ひと山）が語源です。

では、そもそもなぜ、粒子《りゅうし》の数にあたる物質量で数える必要があるのでしょうか。

たとえば、「何**g**から何**g**発生したでいいんでないの？」と思う人も多いでしょう。

しかし、パスタをつくるときに、ズッキーニ100**g**、トマト500**g**、パスタの乾麺《かんめん》250**g**を用意する、というようなレシピでは、つくりにくいですね。ズッキーニ1本、トマト2個、パスタ1袋《ふくろ》の半分と言うほうが圧倒《あっとう》的にわかりやすいです。ズッキーニもトマトもパスタの乾麺《かんめん》も、それぞれ違《ちが》う質量ですから、**g**だとわかりにくいんですね。それよりは、個数のほうがわかりやすいわけです。

原子も、元素が異なる原子はそれぞれ違《ちが》う質量ですから、○個、△個といった個数でとらえたほうがわかりやすいのです。さらに、まとまりで数えて、アボガドロ数を盛りつけた1杯《ぱい》、2杯《はい》に相当する**mol**で計算するほうがわかりやすいわけです。

では、水が1**mol**あるとき、原子は何**mol**あるでしょうか？

moles＋cule

ラテン語でmolesは「かたまり」、culeは「小さな」という意味。そこから、分子のことを英語でmoleculeという。

「1 mol だから、1 mol あるんでしょ」では誤りです。水は H_2O ですから、1個の水分子にはH原子が2個、O原子が1個で3個の原子があります。それぞれアボガドロ数倍すると物質量になるので、1 mol の水には3 mol の原子があることになります。

つまり、個数で成り立つ関係は、同じように物質量でも成り立ちます。化学の計算では、「1個の○○から何個の△△が発生する」というように、まず個数で関係をとらえてから物質量の関係にあてはめていきます。

原子や分子をアボガドロ数個盛りつけた1杯《ぱい》が1 mol。

33 日常の単位とモルの結びつき

化学基礎

では、1molというのは、どれくらいの量でしょうか。日常生活の単位で考えてみましょう。

まず、質量（g）に結びつけると、1molの原子は原子量gになります。原子量は周期表に書かれていますが、さまざまな元素ごとの原子の質量の目安です。

たとえば、炭素Cの原子量は12ですから、12gの炭素のなかにC原子が6・0×10^{23}（アボガドロ数）個あるということです。ちなみに、これがアボガドロ数の由来です。また、アルミニウムAlは原子量が27ですから、27gのなかに6・0×10^{23}個のAl原子があります。

水H_2Oなどの分子の分子式に原子量を代入したものは「分子量」といわれ、分子ではなく塩化ナトリウムNaClのようなイオンの組成式に原子量を代入したものは「式量」といいます。このような物質1molの質量も分子量や式量の数値にgをつけたものになるので、1molの質量を「モル質量（g／mol）」といいます。

アルミニウム1molは27gです、といってもなかなか実感がわかないかもしれませ

アボガドロ数の由来

$^{12}_{6}C$＝12と原子の相対質量の基準を定め、$^{12}_{6}C$＝12gであるときに存在する原子の数が6.0×10^{23}であり、これをアボガドロ数とした。

んね。一円玉（1g）にすると27枚分、27円です（駄菓子《だがし》が買えるかどうかですね）。

このなかに入っている原子の数（6・0×10^{23}個）はどれくらいかというと、お米の粒《つぶ》にたとえて並べると、地球と太陽のあいだを100億回往復できる数になります。すごい数ですね！ そんな星の数ほど膨大《ぼうだい》な数の原子が、27枚の一円玉に入っていることになります。化学であつかっている原子は途方《とほう》もなく小さいものなのです（なぜか、27円でリッチな気分になってきました！）。

水H_2Oの分子量は、水素Hの原子量1×2＋酸素Oの原子量16×1＝18ですから、水18gのなかには6・0×10^{23}個の分子（原子ではありません）が入っています。つまり、1molの分子は分子量gになります。

気体であれば、体積が結びついてきます。1気圧（1013hPa《ヘクトパスカル》）、0℃における気体（この条件を標準状態といいます）であれば、水素ガスでも窒素《ちっそ》ガスでも種類を問わず1mol、アボガドロ数個の気体分子が集まっていると22・4Lになります。

1molの物質を、日常生活で使うグラム（g）やリットル（L）と結びつけると、次のようになります。

- 1molの粒子《りゅうし》数＝アボガドロ数（6・0×10^{23}）個
- 1molの質量＝原子量gや分子量gといったモル質量（g／mol）
- 1molの気体の体積＝22・4L（標準状態）

これを図解すると、下のようになります。

こうして、物質量を仲立ちとして、gやLといった日常生活での単位に結びつけることができます。これは、国際間のコミュニケーションで英語を使うのと同じです。ロシア人、日本人、イタリア人が集まって会議をすると

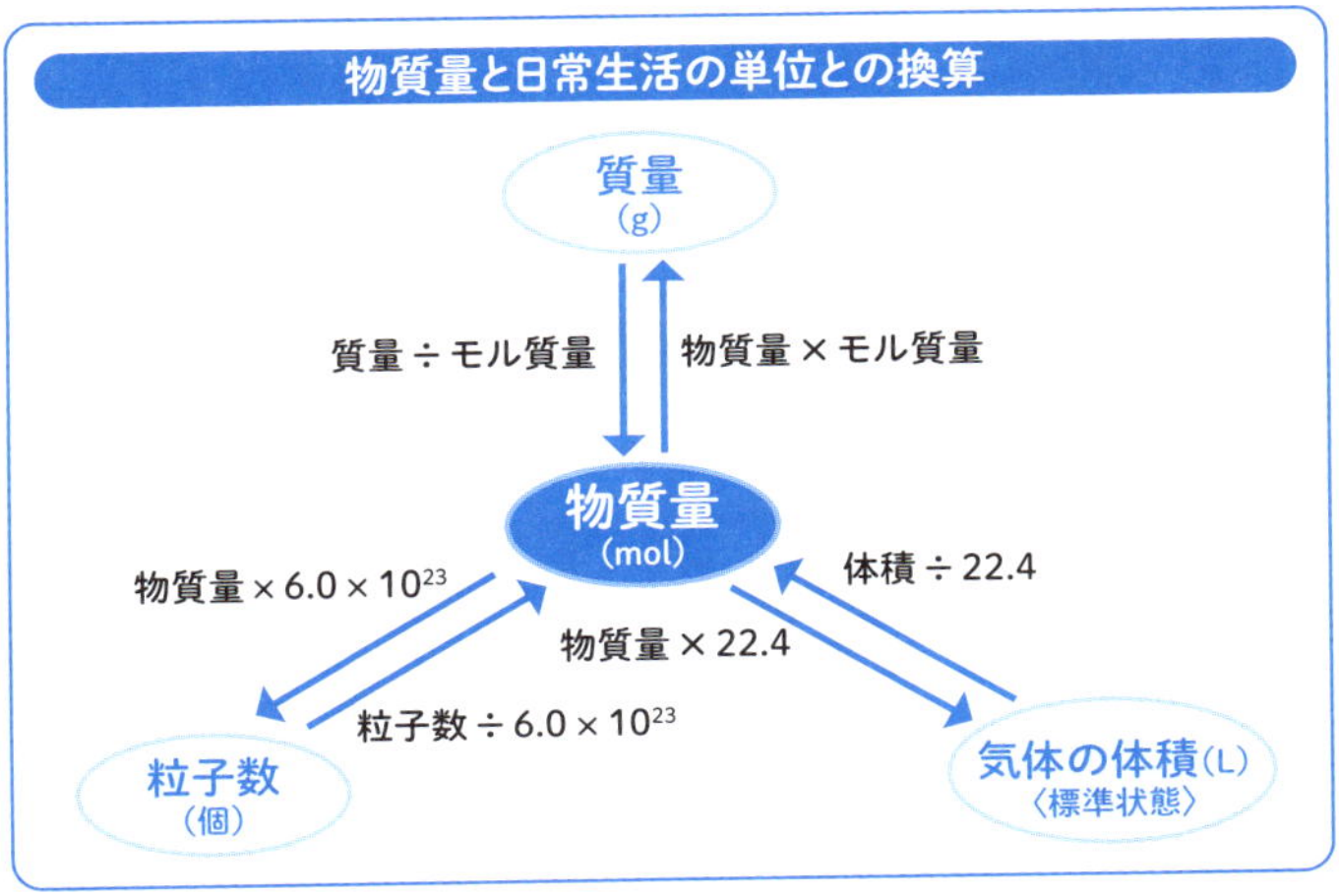

き、それぞれの人が三つの言語を駆使《くし》するトリリンガルではなく、母国語と英語を話すバイリンガルであれば、英語を仲立ちにして意思の疎通《そつう》をはかればいいのです。

化学では、さまざまな物質を結びつけた計算をするので、それぞれの物質の日常の単位（gやL）をすべて物質量（mol）に直して考えていきます。反応における計算も、物質量を使って行います。

たとえば、「炭素が12gあるときに、完全燃焼によって生じる二酸化炭素のガスは標準状態で何Lか」という問題を考えてみましょう。

炭素Cと二酸化炭素CO_2はまったく異なる物質ですから、炭素の質量（g）と二酸化炭素の気体の体積（L）という異なる物質の質量と体積だけを直接結びつけようとしても、「スーパーにトマトが12個あるとき、パイナップルは何個ありますか？」というような問題と同じになってしまいます。

ただ、それと異なるのは、炭素が完全燃焼して二酸化炭素になったとき、化学反応式で両者が関係づけられることです。

$$C + O_2 \rightarrow CO_2$$

ここから、炭素Cの原子1個から二酸化炭素CO_2の分子1個が生じることがわかります。個数で成り立つ関係は、アボガドロ数倍盛りつけた物質量にも成り立つので、炭素C 1 molから二酸化炭素CO_2は1 mol生じます。そうすると――。

●標準状態の体積＝1 mol×22.4 L／mol＝22.4 L

ちなみに、二酸化炭素の質量＝1 mol×モル質量44 g／mol＝44 gとなります。

化学の計算はすべて、gやLといった日常の単位の量を物質量に直し、ほかの物質に結びつけて行います。つまり、物質量を中心としたgや個数、Lとの三つの関係が、すべての中心テーマです。

あとは、中和や電気分解など、それぞれの分野で成り立つ独特の物質量の関係をマスターすればいいのです。それらのトッピングを盛りつける計算なのです。

オサムのイチ押し

化学の計算は物質量を仲立ちにして、日常の単位を結びつけていく。

化学基礎

34 算数のセンスを身につけよう

化学の計算とは、物質量で原子や分子を数え、究極的には「何個が反応して、何個が発生するのか」という個数の計算になります。

つまり、原子や分子の粒《つぶ》をどうやって数えるかということですから、算数のセンスが必要になります。化学の計算が苦手な人というのは、この算数のセンスでつまずいているような気がします。

たとえば、黄鉄鉱 FeS_2という物質から硫酸《りゅうさん》 H_2SO_4をつくるときの計算を考えてみましょう。1個の硫酸《りゅうさん》分子 H_2SO_4には1個の硫黄《いおう》原子Sが入っているので、硫酸《りゅうさん》分子 H_2SO_4の個数と硫黄《いおう》原子Sの個数は同じになります。

つまり、黄鉄鉱 FeS_2から取り出せる硫黄《いおう》原子Sの個数がわかれば、硫酸《りゅうさん》分子の数になります。

FeS_2の数×？＝（硫黄《いおう》原子Sの数＝）H_2SO_4の数

この式の「？」には数が入りますが、いくつでしょうか？

正解は、2です。

1個のFeS_2には硫黄《いおう》原子Sが2個あるので、たとえると1枚の皿にリンゴが2個のっているようなものです。リンゴの数を求めるには、皿の数×2になりますね。

同じように、FeS_2の数×2が硫黄《いおう》原子Sの数になり、H_2SO_4の数になるのです。

このように、化学の計算は、原子や分子の個数をどうやって数えていくかという話なのです。ですから、ものを数えるセンス、算数のセンスがとても大切です。

ものを数えるセンスがとても大切！

35 高校の理論化学をマスターするには

理論化学は、ぼくが受験生のときもチマチマした計算が多く、しかも途中《とちゅう》でうっかり計算ミスでもしようものなら、全滅《ぜんめつ》! みたいになって努力に比例した点数が得られないため、あまり好きではありませんでした。

しかし、紙と鉛筆《えんぴつ》で計算するだけで、もののふるまいや反応、現象を解明し、予測できるという、いわば「サイエンスの王道」ともいえる分野です。

この分野が苦手になる人の多くは、その現象がなぜ起こるのかというういちばん大事なところをすっ飛ばしています。そして、気体の状態方程式 $PV = nRT$ などの公式だけを暗記し、問題を解く際、どの公式を使うかといったことだけに右往左往しているのです。

理論化学
化学反応や現象など物質のふるまいについて、おもに計算を行う分野。

現象や反応、実験についてのイメージ、原子や分子のレベルで何が起こっているのか、といったことをしっかりつかんで、それにあわせて数式をつくればいいのです。

たとえば、不人気ベスト3にランクインするといわれる「飽和《ほうわ》蒸気圧」という分野があります。飽和《ほうわ》蒸気圧とは、温度で決まる気体の限界の圧力のことです。イメージとしては、電車に乗れる限界の人数を思い浮《う》かべてください。

いま、1000人乗りの電車がホームにとまっていて、乗客が800人来たとします。電車の限界を超《こ》えていないときは全員乗ることができます。つまり、飽和《ほうわ》蒸気圧に達していない圧力のときは、全部気体になっているといえます。

ところが、この電車に1500人の乗客が来たとします。限界を超《こ》えた500人は、電車に乗ることはできません。そして、電車は限界の人数1000人の満員状態になります。つまり、気体の圧力が飽和《ほうわ》蒸気圧を超《こ》えそうになると、液体が生じて、気体の圧力は飽和《ほうわ》蒸気圧になるのです。

数式より先に、こういったシチュエーションをイメージして理解することが大切です。あとは、これにあわせた数式をつくって解いていけばいいのです。できない人ほど、イメージがないまま、公式を無理やりあてはめようとします。

分野ごとの現象を理解し、そこから成り立つ数式を理解したら、問題を解きまくって経験値を上げていきましょう。得意になるためには、手を動かすしかありません。定番の問題から、だんだんステップアップしていきましょう。

夢や目標を達成するためには一つしか方法はない。小さな事を積み重ねること。

——イチロー（本名・鈴木《すずき》一朗《いちろう》。2019年3月にプロ野球選手を引退）

36 高校の無機化学をマスターするには

無機化学は、嫌《きら》いになる人が圧倒《あっとう》的に多い分野です。とにかく、いろいろな物質が

無機化学
金属元素や非金属元素の単体や化合物など、岩石や鉱物、ガスなどにふくまれる物質をあつかう分野。炭素原子どうしが結合している化合物を有機化合物といい、それ以外の化合物を無機化合物という。

目白押《お》しです。まるで、フロアガイドを持たないまま巨大《きょだい》アウトレットモールの大セールに放り出されたようなものです。

無機化学の攻略《こうりゃく》法は、ひと言でいうと、「さまざまな無機物質と友達になろう」です。ゲームのキャラクターカードに似たような、無機物質のカードを手づくりして覚えるのもいいでしょう。あるいは、カラーの資料集をたくさん見て、有色の気体の色や金属イオンの沈殿《ちんでん》の色などをしっかり覚えるという方法もあります。

国民的といわれるアイドルグループの写真集がプレミアムがついて何万円という値段で売られているそうですが、化学であれば、1000円足らずの写真集でもいろいろな物質がフルカラーで登場しています。それらをたくさん見て、「水酸化銅（Ⅱ）$Cu(OH)_2$の沈殿《ちんでん》は青白色」と萌《も》えましょう。

「この物質のヒントはこれだ」的な、物質ごとの定番の表現も決まっています。

- 「ガラスを溶《と》かす溶液《ようえき》」→フッ化水素酸（フッ化水素 HF の水溶液《すいようえき》）
- 「空気とふれて赤褐色《せきかっしょく》になる気体」→一酸化窒素《ちっそ》 NO

水酸化銅（Ⅱ）

水酸化銅（Ⅱ）$Cu(OH)_2$は、銅イオンCu^{2+}の水酸化物で、結晶《けっしょう》は青白色。加熱すると、黒色の酸化銅（Ⅱ）CuOに変化する。

●「石灰水を白濁《はくだく》させる気体」→二酸化炭素 CO_2

ゲームと一緒《いっしょ》で、条件反射で答えられるようにしておきましょう。

錯《さく》イオン（P70参照）も苦手意識をもつ人が多いですが、ひと言で言うと、錯《さく》イオン＝でっかいかたまりのイオンのことです。中心にある金属イオンによって、まわりにつく配位子の種類、数、全体の形が決まります。

銅イオン Cu^{2+} にアンモニア NH_3 分子4個が合体し、規則正しく正方形の錯《さく》イオン $[Cu(NH_3)_4]^{2+}$ ができて深青色《しんせいしょく》の溶液《ようえき》になるといったストーリーで、「合体ロボ」をイメージして覚えましょう。

大学入試では、化学反応式がたくさん出るのも無機化学分野の特徴《とくちょう》です。化学反応は、酸・塩基反応と酸化・還元《かんげん》反応がメインですから、ある物質を覚えるときに、その物質が、酸なのか塩基なのか、酸化剤《ざい》なのか還元剤《かんげんざい》なのかを理解し、その物質の形状や色、においなどの独特のキャラクターをしっかり覚えていきましょう。

たとえば、硫化《りゅうか》水素 H_2S であれば、「弱酸・還元剤《かんげんざい》・腐卵臭《ふらんしゅう》」というのが最小限覚え

配位結合

一方の原子の非共有電子対《つい》が、他方の原子やイオンに提供されてできている共有結合のこと。

配位子

金属イオンに配位結合する非共有電子対《つい》をもった分子やイオン。

るべき知識です。

物質については、日常生活のいろいろな場面で勉強できます。

●アルミホイルで、アルミニウム Al の軽さ、展性を体感できる。

●重曹《じゅうそう》（炭酸水素ナトリウム）$NaHCO_3$を加えて加熱すると、熱分解で二酸化炭素CO_2の泡《あわ》が大量に発生する。このとき、炭酸水素ナトリウムは炭酸ナトリウムNa_2CO_3という、より塩基性（アルカリ性）の強い物質になり、油汚《よご》れを分解するので、鍋《なべ》のコゲや汚《よご》れをごっそり落とすことができる。

●ラーメンや味噌汁《みそしる》をつくるときに、吹《ふ》きこぼれた汁《しる》がガスコンロの青い炎《ほのお》にあたった瞬間《しゅんかん》、黄色っぽい炎《ほのお》になるのは、汁《しる》の中の塩の成分であるナトリウムイオンNa^+の炎色《えんしょく》反応が黄色だから。

膨大《ぼうだい》な無機物質と友達になろう。無機物質たちがあなたを待っている！

展性

金属を強くたたいたり、大きな圧力を加えたりすると薄《うす》く広がっていく性質を展性という（金属箔《はく》など）。

37 高校の有機化学をマスターするには

有機化学は、炭素Cと水素Hをメインにしてできた有機化合物をあつかう分野です。この分野はゲームにたとえると、最初の画面で最強の「ボスキャラ四天王」が登場するような感じで、かなりハードルが高いため嫌《きら》いになる人が続出します。教科書を見ても、ムカデのような構造式がいきなり並んでいるので、さらに嫌《きら》いになるようです。

勉強のポイント 分子の立体構造をイメージしよう

有機化学の最初は、分子の3次元の形の学習といっても過言ではありません。紙の上の2次元の構造式を見て、3次元の立体構造のイメージをもてるかどうかです。

たとえば、次の二つの分子の構造を見たとき、これらが同じ分子か、違《ちが》う分子か、即答《そくとう》できるでしょうか。これらが違《ちが》う分子だと思っているかぎり、有機化学は得意になれません。この二つはじつは同じ分子で、ジクロロメタンCH_2Cl_2という分子です。

というのも、C原子がまわりに単結合で4本の手を出して、四つの原子と結合しているときは、四面体構造といって、四つの原子は四面体の頂点に位置するようになります。メタンCH_4の場合は、次ページの図のように、正四面体の立体構造になります。

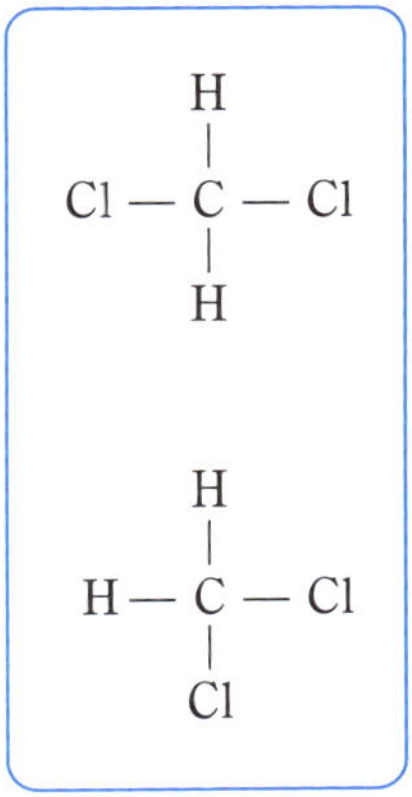

この3次元の立体構造を、平面に投影《とうえい》して2次元にしたものが構造式です。ですから、紙の上の2次元の構造式を見たときに、3次元の立体構造がイメージできるようにトレーニングしておく必要があります（次ページの図参照）。

有機化合物の分子の立体構造を究めたい人は、「HGS分子構造模型」（丸善出版が出しているものがおすすめです。一時、品切れとなっていましたが復活したようです）

CH_4 分子のさまざまな表現

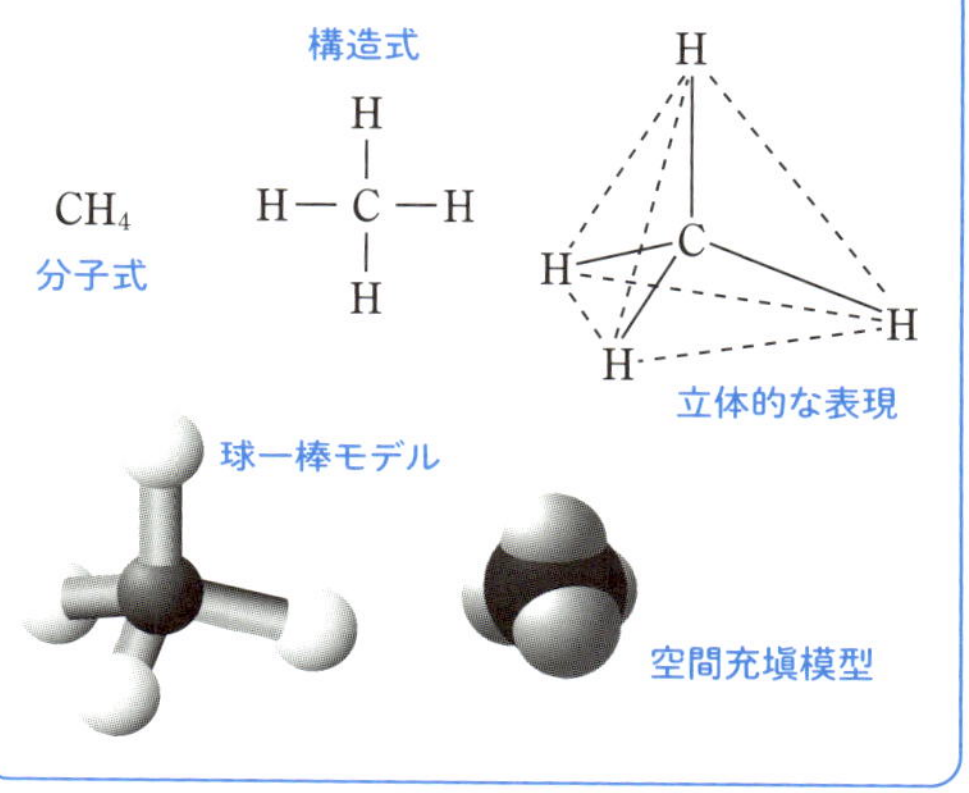

を使って、自分で組み立ててみると感動しますよ（手に入りにくい人は、ミートボールとつまようじでがんばりましょう）。

ぼくは受験生のときに、この模型の大きいセットを買ってさわっていました。また、化学の講師になってからも、いろいろなタイプの分子模型を買い集めていて、いまでも夜中につくってはニヤニヤしています（ヤバいおっさんですね）。

さらに、炭素C―Cの単結合はプロペラのように回転できるので（実際に非常に速く回転しています）、次ページの図右で臭素《しゅうそ》Brの位置が違《ちが》うように書いてあるものの、三つはすべて同じ分子になります。

また、炭素原子のフレーム（炭素骨格といいます）について、たとえば炭素原子5個をストレートにつなぐ（メタン系炭化水素ペンタンの分子 C_5H_{12}）と、図左のいちばん上のイメージになります。

　これをいろいろと回転させたのが下の三つです。一見すると、炭素のつながったフレームの形が別々の星座を表しているかのように違《ちが》いますが、この四つはすべて同じペンタン C_5H_{12} の分子を表しています（水素Hは省略）。見かけ上の違《ちが》いにだまされないようにしましょう。

　2次元の構造式で違《ちが》うように見えても、同じ分子かどうかをしっかりと見分けることができる、リアルな分子のイメージをもつことが大切です。

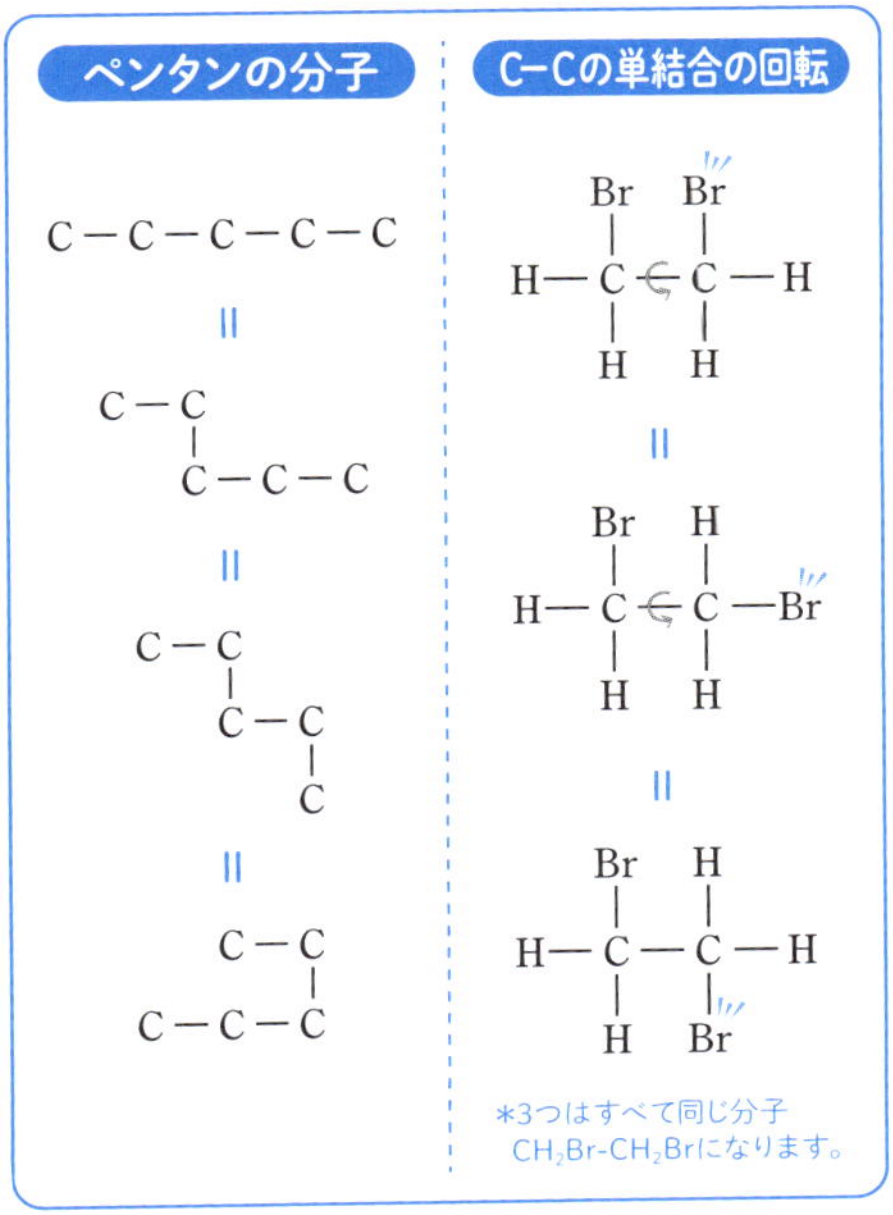

ペンタン
常温・常圧では無色の液体。ガソリンなどにふくまれ、揮発性が高く、引火しやすい。

勉強のポイント　官能基の性質を網羅《もうら》しよう

有機化学の特徴《とくちょう》は、官能基といわれる原子や原子団がその分子の性質を決めていることです。たとえば、ホルミル基（アルデヒド基）$-CHO$は中性で還元《かんげん》性があり、アンモニア性硝酸銀水溶液《しょうさんぎんすいようえき》、つまり銀イオンAg^+と反応して銀Agを析出《せきしゅつ》（液体のなかから固体が生成すること）させる銀鏡《ぎんきょう》反応や、フェーリング液（銅イオンCu^{2+}が入った溶液《ようえき》）と反応して酸化銅（I）Cu_2Oの赤色沈殿《ちんでん》を生じます。そこで、

- 「還元《かんげん》性を示す」「銀鏡《ぎんきょう》反応陽性」→アルデヒド
- 「炭酸水素ナトリウム水溶液《すいようえき》に気体を発生しながら溶《と》ける」→カルボン酸

というように、ゲーム的な感覚で覚える必要があります。

官能基や有名分子のカードをつくって覚えるといいでしょう。その場合、注意してほしいのは、単語帳のようなものでは大して情報が書きこめないので、「情報カード」というB6判くらいの大きさの厚手の紙を使うようにしましょう。

官能基
化合物を特徴《とくちょう》づける原子や原子団のこと。同じ官能基をもつ化合物は、化学的性質が共通する。ヒドロキシ基（-OH）、カルボキシ基（-COOH）などがある。

こういう作業で大切なのは、一度に全部完成させようとしないことです。勉強が進むにつれて新しい知識が増えていきますから、拡張できるようにしておくことがポイント。新たにわかったことがあったら、書きこんで情報を更新《こうしん》していきましょう。

勉強のポイント 有名反応・有名分子を総ざらいしよう

教科書に出ているような有名分子、それらが絡《から》んだ有名反応を、一連の流れとして覚えておく必要があります。大事なのはストーリー性です。物質の名前とか構造式のみを丸暗記するという勉強法は意味がありません。

たとえば、「分子式$C_4H_4O_4$の化合物でジカルボン酸（カルボキシ基を二つもつもの）で、付加反応で同一の化合物になった」という流れであれば、「シス形のマレイン酸とトランス形のフマル酸」とすぐに出てくるように、流れで理解して覚えることが大切です。

また、有名分子については、本物のイメージをしっかりもちましょう。

- アセトン$CH_3-CO-CH_3$は、独特のにおいがする無色透明《とうめい》の液体。

付加反応
炭素間の二重結合（2組の共有電子対《つい》からなる共有結合。C=Cで表す）などに原子や原子団が結合する反応。

●酢酸《さくさん》エチル $C_4H_8O_2$は、パイナップルや接着剤《ざい》のようなにおいがする無色透明《とうめい》の液体。

エタノール C_2H_5OH、酢酸《さくさん》CH_3COOH、ベンゼン C_6H_6、フェノール C_6H_5OH など膨大《ぼうだい》な有機化合物と友達になる感覚でカラーの資料集を見たり、あるいは学校の実験室で本物を見せてもらったりといった努力を積み重ねましょう。

有機化学は立体構造、異性体、官能基、有名反応、有名分子をしっかり押《お》さえる。

38 高校の高分子化学をマスターするには

デンプンやタンパク質、DNAなどの天然の高分子化合物や、日常生活で日々《ひび》ふれ

高分子化学
タンパク質、セルロースなど天然の高分子化合物や、プラスチック、ゴム、合成繊維など日常生活に必要不可欠な合成高分子化合物をあつかう分野。

異性体
同じ分子式で、原子のつながり方が異なるもの。構造異性体や立体異性体などがある。

ているプラスチックなどの合成高分子化合物について、大きな流れをとらえずに枝葉末節だけを覚えて自爆《じばく》する人が多いようです。

大きなテーマとしては、モノマー（単量体）といわれる小さい分子が何百個、何千個と連結し（重合反応といいます）、1個の巨大《きょだい》な分子（高分子）になっていくところが出発点です。この巨大《きょだい》な分子がさらに集まって、全体のかたまりができていくわけです。パスタや焼きそばのように、長いヒモのような分子が集まって全体ができているというイメージをもつことが大切です。

次ページの図のように、モノマーがつながって分子ができます。モノマーの構造と、できあがったポリマー（高分子）の構造をしっかり覚えましょう。

1個の分子（1本のヒモ）に何個のモノマーがつながっているかを表すのが、「重合度n」です（ほんとうは、nは1000とか1万とかのスケールですが、イメージ図はn＝4で描《えが》いています）。計算で差がつきやすい分野で、次ページのイメージ図でいうと、かたまり全体のなかにある分子の数は3個であり、くりかえし単位の数は12個に

重合反応
モノマー（単量体）を反応させて、ポリマー（高分子）を合成する化学反応。ポリマーの分子を構成するモノマーの数を重合度という。

高分子化合物/合成高分子化合物
分子量が1万以上の化合物で、身近に存在するものが多い。デンプン、セルロース、タンパク質などの天然物質のほか、ナイロン、ポリエチレンなどの合成物質が知られている。

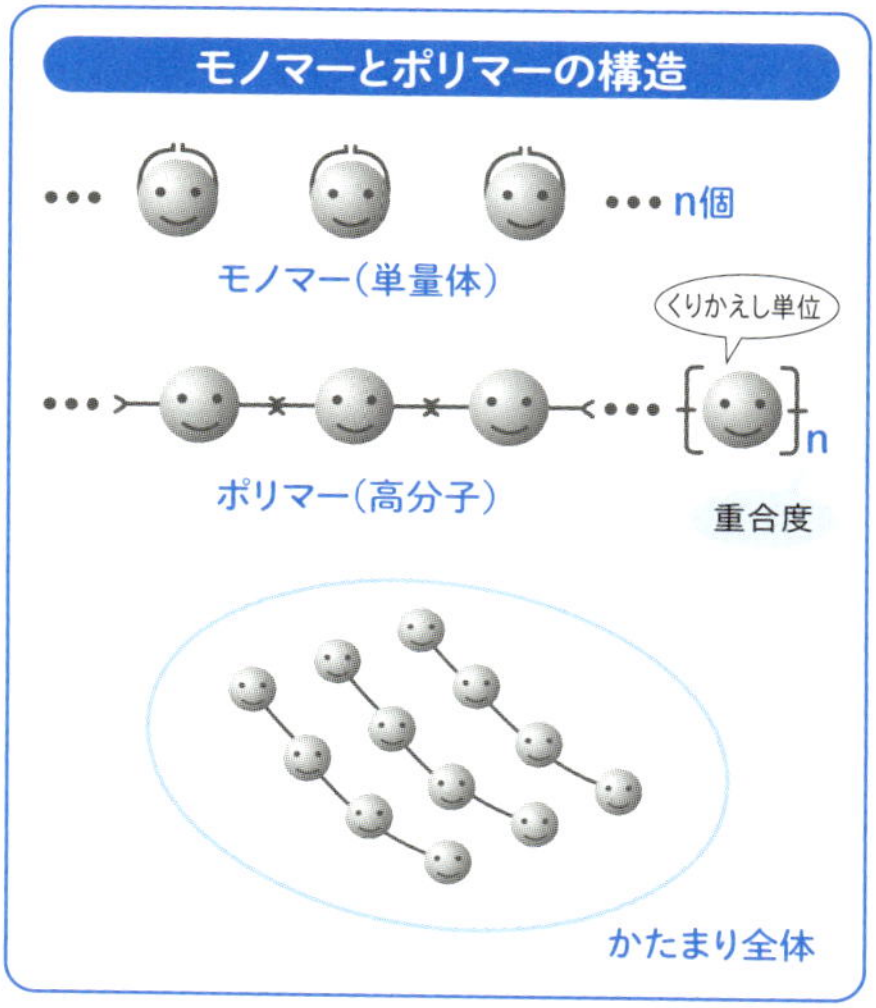

なります。
ポリマーの計算には、大きく2系統あります。一つは、かたまり全体のなかで(くりかえし単位)が何個あるかという計算です。「デンプンを加水分解したら、何**g**のグルコースが生じたか」のような計算をするタイプです。
もう一つは、かたまり全体のなかで分子は何個あるかの計算です。「ナイロン66が○**g**ある。このなかにナイロン66の分子は何**mol**あるか?」のような計算をするタイプです。イメージ図でいうと、分子のヒモが何本あるかの計算になります。ヒモそれぞれが分子で3本あるので、分子は3個あることになります。
天然高分子化合物の糖類は、グルコースのα《アルファ》、鎖状《さじょう》、β《ベータ》型の構造から始まって、マルトース、スクロース、セルロースなどたくさんの物質が出てきます。そのうえ、構造が複雑なため、嫌《きら》いになる人が多いですが、ふだんの生活のなかで慣れておくことが大切です。たとえば――。

- ご飯を長時間噛《か》んで甘《あま》みを感じたら、「マルトース（麦芽糖《ばくがとう》）！」。
- 豚汁《とんじる》に入っている大根や人参に甘《あま》みを感じたら、「マルトース！」。
- コーヒーに砂糖を入れたら、「スクロース！」。
- ホットケーキに蜂蜜《はちみつ》をかけたら、「フルクトース！」。
- セロハンテープを使ったら、「ビスコース！」。

アミノ酸とタンパク質の分野も同様です。

- 寝《ね》ぐせがついて髪《かみ》の毛がゴワゴワになっていたら、「毛髪《もうはつ》のタンパク質のケラチン分子間の水素結合！」。
- ゆで卵をつくるとき、オムレツ、クレープを焼くときは、「加熱によるタンパク質の変性！」。

合成高分子化合物も種類がたくさん出てきます。身のまわりのプラスチックとリンクして覚えておきましょう。

- コンビニのビニール袋《ぶくろ》にさわったら、「ポリエチレン！」。
- クリアファイルを使うときは、「ポリプロピレン！」。
- 水道管のねずみ色のパイプを見たら、「ポリ塩化ビニル！」。

ポリマーの原料とでき方、構造を覚えて、イメージに基づいて計算できるようにしておこう。

39 大学入試の化学で点をとるために

化学　化学基礎

ここで、大学入試に特化したアドバイスを、いくつかしておきましょう。

ポイント❶ 基礎《きそ》力《りょく》をつけることが大切

「基礎《きそ》を大切に」の基礎《きそ》は、簡単という意味ではありません。専門的な用語を自分の言葉で理解し、現象や反応をイメージできちんと理解して自分のものにしていくことです。

教科書を読みこんだり、参考書をしっかりと読み解いて、絵を描《か》いたりしながら、イメージとともに理解する経験を積み重ねることです。

ポイント❷ 定番問題は速く解けることが大切

その分野の基礎《きそ》をマスターしたら、問題集の基礎《きそ》レベルから定番問題までを速く正確に解けるようにしましょう。スポーツやゲームと同じで、最後は体で覚えているという状態までもっていくことが大切です。

それには、「考えて手を動かす」ことをくりかえすしかありません。よく、教科書や参考書、ノートを眺《なが》めているだけの人がいますが、これだけでは学力は向上しません。手を動かすという作業があって、はじめて記憶《きおく》されていくのです。

手を動かして考えるという動作には、ニューロンと神経系のものすごい作業があり、記憶《きおく》として刻まれます。サッカーやピアノがうまくなりたい人が、プロが書いたノウハウ本や教本をいくら眺《なが》めてもうまくならないのと同じです。

問題集を解くときも、新聞の折りこみチラシの裏に書いているようでは、成績は伸《の》びません。紙ナプキンや紙切れに数式をなぐり書きして成果が出るのはアインシュタインのような天才たちだけですから、受験生は真似をしてはいけません。

きちんとノートをつくり、試験で出される解答用紙のように、見開きの左ページに計算過程などをしっかり書きこんで答えを出すようにします。有効数字をしっかりと守る、構造式は例にならって書く、そういったきめ細かい作業を習慣づけましょう。

次に、左ページに書いた自分の答えと解答との答え合わせをします。答えがまちがっていたら、右のページに、「自分の言葉」で解説をつくっていきます。

このとき、解答にある解説を丸写しするようでは、まったく身につきません。どこができなかったのか、何を知らなかったのかを徹底《てってい》的に調べて自分のものにしましょう。**自分の言葉で、オリジナルの解説を書くくらいの意気ごみが必要**です。

ちなみに、だめな勉強法の例をあげると、問題集をやったときに、「この問題はこういうふうに解かなければならない！」と無理やり解法を丸暗記する人、解説だけ見ておわる人、答えの○×しか見ない人は成績は上がりません。

模擬《もぎ》試験を受けたら、その日のうちにしっかり復習をしましょう。これも「復習ノート」のようなものをつくって、きちんとあとに残すような学習が大切です。

問題にぶつかって、どこができなかったのかをしっかり分析《ぶんせき》する。そして、しばらくしてから、また同じ問題を解きなおして、速く正確に正解を導き出せる能力をつける――このくりかえしが受験勉強なのです。

最終目標は、問題を見た瞬間《しゅんかん》に、納得して覚えた解法を自然に手が動いて書いてい

るというレベルです。

大学入試では試験時間は50〜60分、75〜90分が多いので、迫《せま》りくる制限時間のプレッシャーや緊張《きんちょう》による極限状態のなかでも、思いつくまま手を動かしたら答えが出てくるくらいになるのが目標です。

ポイント③ 解ける問題のストックを増やす

多浪《たろう》して難関の国立大学医学部に進学した卒業生の一人が、「エレガントな無敵打法のようなものを探していましたが、そんなものはありませんでした。カッコ悪くても、ダサくても、毎日一人でガリガリと問題を解いてがんばるしかない」と言っていました。やはり、日々《ひび》の積み重ねが大切なのです。

できるようになった問題を、何度も解きなおしても意味がありません。大事なのは、できない問題をしっかりと抽出《ちゅうしゅつ》して、できるようにしていくことです。できない問題を最後まで自力で解けるようにすることのくりかえしが大切なのです。

囲碁《いご》のプロで頂点にいる方が、インタビューで次のように答えていました。
「凡人《ぼんじん》には思いもよらない究極の一手があって、それをいいタイミングで繰《く》り出せるのがプロのもっている才能と思われていますが、違《ちが》います。そういったすごい究極ワザなどはありません。最初から一手一手をただひたすら大事にしていくだけです」

受験勉強も、これと同じです。

できる人はべつに、すべての問題が解ける究極の〝裏ワザ〟をもっているわけではありません。ただ、一問一問をていねいに自分のものにして、妥協《だきょう》することなく積み重ねてきたのです。

ポイント④　ハイレベルな問題にどう対処するか

難関大学といわれる東大や京大、国立大学の医学部、難関私大では、新傾向《けいこう》といわれる問題がたくさん出されます。この場合も、解いたことのある問題をいかに増やしていくかが対策になります。

ふつうの受験生が見たこともないハイレベルの応用問題、たとえば「ウィンクラー法による溶存《ようぞん》酸素量の定量」「ミカエリス・メンテンの式」「キレート滴定《てきてい》」といったテーマであっても、化学系や薬学系の大学生が1年生で習う専門書の分野ではありきたりのテーマです。

ですから、難関大学でよく出るテーマの問題を解いて、流れや発想をしっかりつかんでおく必要があります。

試験場で50〜90分くらいしかない試験時間で大問を1〜7問くらい解いていくには、スピードと正確さが要求されます。これらは訓練の賜物《たまもの》であり、身についたセンスがものをいいます。膨大《ぼうだい》な問題を解いた経験量がものをいうのです。解いたことのない問題でも、問題演習で培《つちか》ったセンスが必ず正解に導いてくれます。

そのためには、一問一問をていねいに自分のものにしていく地道な作業を続けるしかありません。そうした努力を継続《けいぞく》的に行う日々《ひび》の積み重ねが、難関大学の受験対策そのものなのです。

ポイント⑤ 自己をどう管理するか

浪人《ろうにん》して予備校生活や宅浪《たくろう》生活が始まった場合、勉強と並んで大切なのは自己管理です。ノートやビジネスパーソンが使うダイアリーのようなものに、その日何をやったのか、その日に発生した疑問点、次への課題など、到達《とうたつ》したことと、これからの課題をしっかりと浮《う》き彫《ぼ》りにして残していきましょう。

いま自分は何が解けて、何が解けないのかを知ること、そして解けないものを解けるようにしていくという作業のくりかえしです。「彼《かれ》を知り己を知れば百戦殆《あや》うからず」という孫子の言葉があります。受験勉強においても、いま自分が何を知らないのか、自分に何が不足しているのかを知ることが、合格への第一歩です。

一日一日を大切にしなさい。毎日のわずかな差が人生にとって大きな差となって現れるのですから。

——**デカルト**（フランスの哲学者《てつがくしゃ》・数学者。はじめてx座標とy座標の座標系を考え出した）

40 情報に惑《まど》わされず、やるべきことをやろう

化学　化学基礎

前にも少しふれましたが、ネットにあがっている玉石混淆《ぎょくせきこんこう》の受験ノウハウに右往左往している人が少なくありません。そういう人は、「受験勉強の王道は何かないだろうか？」と問題を解くのも忘れて、日がなネット検索《けんさく》に明けくれています。

中国の故事に「邯鄲《かんたん》の歩み」という言葉があります。田舎《いなか》出身の若者が、流行の先《せん》端《たん》の街へ出かけて行き、そこではやっている都会の人の歩き方を真似て都会人を気どってみたものの、最後は歩き方もわからなくなって、四つんばいになって故郷にもどってきたという話です。

まるで現代のネット社会に警告を発しているようです。「こういう方法で必ず合格する」「センター試験攻略《こうりゃく》は正攻法《せいこう》ではだめ」「この裏ワザを知らなきゃだめ」などなど、

だれが発したのかわからない匿名《とくめい》だらけのネットの風説に惑《まど》わされないことです。信《しん》頼《らい》できる学校の先生や塾《じゅく》、予備校の先生やチューター、学校の先輩《せんぱい》など、発信者の顔がわかるソースからリアルな情報を受け取る必要があります。

オサムのイチ押し

周囲に巻きこまれてはいけない。自分自身の問題を追い求め、それが導くところへならどこまでも追いつづけることである。

――**ロデリック・マキノン**（アメリカの分子生物学者。イオンチャネルの解明により２００３年ノーベル化学賞を受賞）

41 みずからの運命を変えていく

受験勉強はつらいものですが、大学に行きたいと自分が選んだ道ですから、その情熱をもちつづけましょう。

ぼくもそうでしたが、受験生のときは必死でもがいて模試の結果に一喜一憂《いっきいちゆう》したり、絶望したり、プレッシャーに負けそうになったりします。でも、入学試験というのは、究極的には答えが決まっているわけですから、答えを導き出して書くという非常にシンプルなものです。

人生には、あらかじめ答えが決まっている単純なものは、家族関係、仕事、恋愛《れんあい》のどれ一つとってもほとんどありません。ですから、答えが決まっているものを、ひたすら覚えて答えていくというのは、非常にシンプルな話なのです。

正答にたどり着けるように、しっかりと勉強したかどうかという単純な話です。入試までの決まっている時間のなかでモチベーションを維持《いじ》しつつ、やるべきことをやったかどうかなのです。

岩にかじりついてでも合格を勝ち取ろうという執念《しゅうねん》、たゆまぬ情熱が必要です。覚えられないことは付箋《ふせん》に書いて、部屋じゅうに貼《は》りまくるといったこだわりや執念《しゅうねん》が大切です。

「蛍雪《けいせつ》の功」の故事のように、いかに工夫してがんばるかが大切です。「明かりがない」という外的条件のせいにして逃《に》げるのではなく、自分で工夫して立ち向かっていくスピリッツが大切だと思います。

定期テストの前に、「今回は準備不足で、いまからやってももう間に合わないから、いっそ部屋の掃除《そうじ》でもして最適な教材を探してから考えよう」というような子供の発想ではなく、「とりあえずいま、この不足している状況《じょうきょう》でなんとか最善の策をやっていかねば！」という大人の発想が必要なのです。

人生も受験も、「がんばる、踏《ふ》んばる、サバイバル！」です。

今日の不可能は、明日可能になる。

——**コンスタンチン・ツィオルコフスキー**（ロシアのロケット研究者。20世紀はじめに宇宙ロケットや人工衛星を提唱した）

42 化学的生活のすすめ

何度も言いますが、化学の勉強には、人生におけるサバイバル術的な要素がありま
す。化学は、膨大《ぼうだい》な物質に囲まれて生きていく私たち一人ひとりにとって、必須《ひっす》の知
識なのです。

たとえば——。

- 化粧水《けしょうすい》から香水《こうすい》、アロマセラピーにいたるまで、すべて化学。
- キッチンで卵を焼いたり、クレープを焼いたりするのも、タンパク質の変性という立派な化学。
- 油性フェルトペンの汚《よご》れをエタノール C_2H_5OH で溶《と》かして消すのも化学。
- カセットコンロで鍋《なべ》パーティをやるのも、ブタン C_4H_{10} の燃焼反応という化学。

●大掃除《そうじ》で風呂《ふろ》や洗面台、台所の水栓《すいせん》や鏡をクエン酸 $C_6H_8O_7$ の水溶液《すいようえき》で磨《みが》くとピカピカに輝《かがや》くのも化学。

●美術の授業でも、油絵の具は、クロム酸鉛《なまり》（Ⅱ）$PbCrO_4$ や硫化《りゅうか》カドミウム CdS、プルシアンブルー $Fe_4[Fe(CN)_6]_3$ といった無機化合物。

●体育の時間に校庭にラインを引くとき、炭酸カルシウム $CaCO_3$ の白い粉末をまいているので、これも立派な化学。

●瞬間《しゅんかん》接着剤《ざい》は、シアノアクリレート $C_4H_3NO_2$ という分子が水蒸気 H_2O と接触《せっしょく》して重合反応を起こし、ポリマー（高分子化合物）になる反応。

●ペンキが固まるのは、空気中の酸素 O_2 がかかわる重合反応。

拙著《せっちょ》『カリスマ先生の化学』（PHP研究所）では、日常生活で活躍《かつやく》する分子の解説をしていますが、ほかにも『化学ってそういうこと！』（日本化学会編、化学同人）など、身のまわりの化学物質を解説した本を読むと世界が広がるでしょう。

唇《くちびる》がチリチリと熱くなって水泡《すいほう》ができる口唇《こうしん》ヘルペスは、人類誕生のときからある

といわれるウイルス性の病気です。いま、この治療《ちりょう》には、１９８８年にノーベル賞を受賞したガートルード・エリオンたちが開発した、アシクロビル$C_8H_{11}N_5O_3$という分子が入った軟膏《なんこう》が使われています。

　病気のときに使われる医薬品は化学の集大成ですし、そもそも病気自体が化学なのです。

　乳製品でお腹をこわしたら、「未消化のラクトースで浸透圧《しんとうあつ》が大きくなって腸内に水が流れこんできただけだ」と、化学的な視点や超越者《ちょうえつしゃ》の視点で恐怖《きょうふ》をふりはらえば、落ち着くことができるでしょう。

　映画などのエンターテインメントも、化学の宝庫です。映画で化学を学ぶというのは意外かもしれませんが、化学のネタがつまっています。

　「ロレンツォのオイル／命の詩」は１９９２年のアメリカ映画で、難病の副腎白質《ふくじんはくしつ》ジストロフィーという病気を発症《はっしょう》したわが子を救うために、父親が有機化学を勉強して治療《ちりょう》法を発見するという感動の物語です。嫌《きら》いになる人が多い油脂《ゆし》と脂肪酸《しぼうさん》といった分野がいかに大切であるか、有機化学や生化学の力に感動させられます。

また、1953年に制作されたフランス映画に、傑作《けっさく》とされる「恐怖《きょうふ》の報酬《ほうしゅう》」という作品があります。南米で仕事もなく自堕落《じだらく》な生活をしていた男4人が、高額な報酬《ほうしゅう》欲しさに山岳《さんがく》地帯の油田の火災を消すのに必要なニトログリセリン（爆薬《ばくやく》）の液体をトラックで運んでいく物語です。ニトログリセリンの怖《こわ》さを一生植えつけられるような映画です。

アメリカの人気テレビドラマ「ブレイキング・バッド」は、オープニングから周期表が登場します。がんを宣告されたカリフォルニア工科大学卒の元研究者である高校の化学教師が主人公で、高純度のドラッグを合成して妻と子供に遺産を残そうとする、日本の地上波では流せないようなストーリーです。

さすが〝化学大国〟といわれるアメリカだけあって、化学こそが現代社会を支えている偉大《いだい》な学問だというメッセージがこめられています。

同じアメリカの「フリンジ」という人気SFドラマも、主人公のウォルター博士は

物理、化学、生化学に通じたハーバード大学の教授です。また、昔、ぼくが見ていた古いドラマに、アメリカ軍の元爆発物処理班《ばくはつぶつ》で化学に精通した男を主人公にした「冒《ぼう》険野郎《けんやろう》マクガイバー」というシリーズがありました。さらに、「シャーロック・ホームズ」シリーズでも、ホームズが化学の実験をしているシーンがよく出てきます。

化学嫌《ぎら》いの人は、エンターテインメントでもいいので、化学にふれることから始めてみませんか。

みなさんが使っている化学の教科書に書いてある事柄《ことがら》は、古代エジプトの時代に錬《れん》金術《きんじゅつ》として始まり、19世紀からは「化学」となって、名もなき人びと、栄光なき天才たち、栄誉《えいよ》ある研究者のような先輩《せんぱい》たちが築いてきた知識の集大成です。

私たちは、朝起きてから夜寝《ね》るまで、生まれてからお墓に入るまで、先人が発見した偉大《いだい》な真理や発明の恩恵《おんけい》にあずかっています。こうした恩恵《おんけい》がなければ、現代の先進国の生活は1週間ももたないでしょう。

いよいよこの本も終わりです。これからの未来を担うみなさんには、ぜひがんばって化学を学んでほしいと思います。

めざせ、ノーベル化学賞！ みなさんには無限の可能性、無限の選択肢《せんたくし》の未来が待っています。

この本の締《し》めくくりとして、化学結合の理論やさまざまな分子の構造を明らかにした、20世紀最高の化学者といわれるライナス・ポーリング博士の言葉を贈《おく》ります。

化学はすばらしい！ 化学を知らない人は気の毒だと思う。幸福の大きな源泉を見逃《みのが》しているのだから。

——**ライナス・ポーリング**（アメリカの量子化学者。1954年ノーベル化学賞、1962年ノーベル平和賞を受賞）

〈著者紹介〉
大宮　理（おおみや・おさむ）
東京・練馬区に生まれ育ち、都立西高校と予備校を経て早稲田大学理工学部応用化学科に進学、機能性高分子化学の研究室を卒業。化学講師として代々木ゼミナールを経て、現在は河合塾中部地区の講師として名古屋や浜松の授業に出講、模擬試験やテキスト作成のプロジェクトを受けもつ。著書は、多数の参考書・問題集のほか、『カリスマ先生の化学』『もしベクレルさんが放射能を発見していなければ。』（以上、PHP研究所）など。
独身時代は〝フェラーリ破滅教〟と称して「フェラーリ」を乗りまわしていたが、いまでは休日の朝から娘に〝お馬さん〟で乗りまわされている2児の父。

装幀＝こやまたかこ
装画＝宮尾和孝
本文イラスト＝勝部浩明
編集協力・組版＝月岡廣吉郎

YA心の友だちシリーズ

予備校の先生がキミに贈る！
苦手な化学を克服する魔法の本

2019年6月11日　第1版第1刷発行

著　者　大宮　理
発行者　後藤淳一
発行所　株式会社ＰＨＰ研究所
東京本部　〒135-8137　江東区豊洲5-6-52
児童書出版部　☎03-3520-9635（編集）
普及部　☎03-3520-9630（販売）
京都本部　〒601-8411　京都市南区西九条北ノ内町11
PHP INTERFACE　https://www.php.co.jp/

印刷所　共同印刷株式会社
製本所　東京美術紙工協業組合

ISBN978-4-569-78869-2

NDC430 175p 20cm